[美] 约翰·史迪威 著

涂泓 译 冯承天 译校

渴望不可能

数学的惊人真相

U0397740

上海科技教育出版社

图书在版编目(CIP)数据

渴望不可能:数学的惊人真相/(美)约翰·史迪威
著,涂泓译. —上海:上海科技教育出版社,2020.3
(2022.3重印)

书名原文:Yearning for the Impossible

ISBN 978-7-5428-7153-4

Ⅰ.①渴… Ⅱ.①约…②涂… Ⅲ.①数学史
Ⅳ.①011

中国版本图书馆CIP数据核字(2019)第292666号

责任编辑 卢 源
封面设计 符 劼

数学桥丛书

渴望不可能——数学的惊人真相

[美]约翰·史迪威 著

涂 泓 译 冯承天 译校

出版发行 上海科技教育出版社有限公司
　　　　　　(上海市闵行区号景路159弄A座8楼　邮政编码201101)

网　　址 www.sste.com　www.ewen.co

经　　销 各地新华书店

印　　刷 启东市人民印刷有限公司

开　　本 720×1000　1/16

印　　张 18.5

版　　次 2020年3月第1版

印　　次 2022年3月第3次印刷

书　　号 ISBN 978-7-5428-7153-4/O·1092

图　　字 09-2018-404号

定　　价 58.00元

献给伊莱恩、迈克尔和罗伯特。

前　言

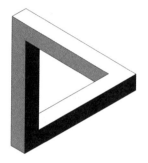

本书缘起于一篇我（有点半开玩笑地）称之为"数学接受不可能"的文章。1984 年，我为莫纳什大学的《函数》(*Function*) 杂志撰写了这篇文章，主要目的是要表明左边所显示的这幅"不可能"图形（彭罗斯三杆）实际上并非不可能。这个三角形存在于一个完全合理的空间之中，这个空间不同于我们认为自己居住在其中的空间，然而却是有意义的，并为数学家所知。我希望通过这个例子向大众展示，数学是一门需要想象力，甚至可能需要幻想的学科。

有许多表面看来不可能的例子，它们对于数学而言很重要，而数学家也对这种现象感到震撼。例如，戴维斯 (Philip Davis) 在 1965 年出版的《矩阵的数学》(*The Mathematics of Matrices*) 一书中写道：

> 数学被誉为一门容不下任何矛盾的学科，而事实上它却有着与矛盾和睦相处的悠久历史，这看上去有些荒谬。在 2500 年的时间里，从人们对数的概念所做的扩展中，尤其能看出这一点……从某一合适的立场来看，每一次扩展都是克服

了一系列相互矛盾的需求。

数学语言中散落着一些贬义的和神秘的词语——例如无理的、虚的、不尽根的、超越的——这些词语曾用来嘲弄那些据说不可能的对象，而且这些还只不过是用于数的词语。几何中也有许多概念在大多数人看来是不可能的，例如第四维、有限宇宙和弯曲空间——然而它们对于几何学家（及物理学家）而言却是不可或缺的。因此，数学无疑并没有把不可能当成一回事，而且似乎通过这样做来取得进展。

问题是：这是为什么？

我认为俄罗斯数学家科尔莫戈罗夫（A. N. Kolmogorov）在1943年对其中的原因作出了最佳的表述：

> 在任何给定的时刻，"平凡的"和不可能之间只隔着薄薄的一层。数学发现就是在这一层中作出的。

换言之：数学就是一个与不可能发生近距离冲突的故事，因为**数学中的一切伟大发现都接近于不可能**。本书的目的就是，通过呈现在整个数学范围内的一些有代表性的冲突，简略地而且几乎不需要任何预备知识地讲述这个故事。通过这种方式，我还希望能捕捉到某种**变化不定的观念**的感觉，而在将发现书写成文的过程中，常常会丢失这种感觉。教科书和研究论文中略去了这些与不可能的冲突，在引入新概念时只字不提它们,不用它们来澄清混淆之处。这样处理当然能做到长话短说,但我们必须去体验其中的一些困惑,才能理解为什么需要这些新的、奇怪的构想。

知道为什么需要新构想会有所帮助,但是**通往数学之路仍然没有捷径可走**。具有良好高中数学知识背景的读者应该能够知道本书中的全部概念,并能理解大部分概念。不过,有许多概念很难,而且也没有任何方法来降低难度。你可能不得不将某些段落反复阅读好几遍,或者重新阅读书中先前的一些部分。如果你觉得这些构想很吸引人,那么你可以阅读推荐的参考文献以继续深入研究。(这也适用于数学家,他们之中的有些人可能为了了解他们专业以外的领域而阅读本书。)

作为一个特殊的后续阅读材料,我推荐我的《数学及其历史》(*Mathematics and Its History*)①一书。那本书更加详细地展开了本书中所描述的这些构想,并用练习来加以巩固。它还提供了一条通往数学经典著作的途径,从中你可以亲身体验到"渴望不可能"。

有好几个人帮助我撰写并修改本书。我的妻子伊莱恩(Elaine)一如既往地走在最前面。她阅读了好几版初稿,并进行了

---

① 此书中译本由高等教育出版社出版,袁向东、冯绪宁译,2011 年。——译注

第一轮的批评和修改。冈纳森（Laurens Gunnarsen）、爱尔兰（David Ireland）、麦科伊（James McCoy）和谢尼策（Abe Shenitzer）也仔细地阅读了本书，他们提出了至关重要的建议，这帮助我厘清了整体视角。

致　谢

　　我要感谢位于荷兰巴伦的 M. C. 埃舍尔公司允许我转载埃舍尔①的作品：图 8.1 中所示的《瀑布》（*Waterfall*）、图 5.18 中所示的《圆极限 IV》（*Circle Limit IV*），以及图 5.18 和图 5.19 中所示的《圆极限 IV》的两幅变形。埃舍尔的作品版权所属为 copyright（2005）The M. C. Escher Company — Holland，网站为 www.mcescher.com。

　　我还要感谢纽约艺术家权利协会（Artists Rights Society of New York）允许我转载图 8.8 中所示的马格里特②的照片《不可复制》（*La reproduction interdite*）。这幅照片的版权所属为 copyright（2006）C.

---

① 　M. C. 埃舍尔（M. C. Escher, 1898—1972），荷兰版画家，因其绘画中的数学性而闻名，作品多以平面镶嵌、不可能的结构、悖论、循环等为特点，从中可以看到对分形、对称、双曲几何、多面体、拓扑学等数学概念的形象表达。——译注
② 　勒内·马格里特（René Magritte, 1898—1967），比利时超现实主义画家。——译注

Herscovici, Brussels/Artists Rights Society（ARS）, New York。

约翰·史迪威(John Stillwell)

南墨尔本,2005 年 2 月

旧金山,2005 年 12 月

目　　录

数
学
的
惊
人
真
相

渴望不可能

目录 MULU

第1章 无理数

概况预习

数是什么？它们是用来做什么的？最简单的回答是，它们就是**正整数** 1, 2, 3, 4, 5……（加上 0 以后就是自然数），它们被用来计数。通过选择一个度量单位（例如英寸或毫米），并计算出一个给定的量中有多少个单位，正整数还可以用来**度量**诸如长度这样的量。

如果有一个单位，它能同样精确地度量两段长度——即存在一个**公共度量单位**（简称**公度**），那么就可以对这两段长度进行精确比较。图 1.1 给出了一个例子，这里找到的一个单位，使得一条线段长度为 5 个单位，而另一条线段长度为 7 个单位。于是我们就可以说，这两条线段长度之比为 5：7。

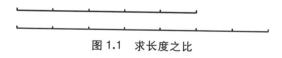

图 1.1　求长度之比

如果存在一个公度能适用于任意两条线段，那么任意两个长度之比就是一对正整数之比。**数学家曾经梦想过这样一个世界**——事实上它是如此简单，以至于用正整数就能解释一切。不过，这个"有理数"世界是不可能的。

古希腊人发现，正方形的边长和对角线长之间不存在任何公度。我们知道，当边长为 1 时，对角线长就是 $\sqrt{2}$，因此 $\sqrt{2}$ **不是**正整数之比。出于这个原因，$\sqrt{2}$ 被称为**无理数**。

因此，$\sqrt{2}$ 处在有理数世界之外，尽管如此，我们是否有可能将无理数当作自然的数来对待呢？

1.1　毕达哥拉斯之梦

> 显而易见,有两种科学方法会控制和处理关于量的全部探究:
> 算术,即绝对量;以及音乐,即相对量。
>
> ——尼可马修斯,《算术》①

古时候,高深的学问被分为七门学科。前三门学科——语法、逻辑、修辞——被认为比较容易,构成了所谓的**"三艺"**(trivium,这也是"普通的"(trivial)一词的词源)。其余四门学科——算术、音乐、几何、天文——则构成了所谓的高级**"四艺"**(quadrivium)。"四艺"的这四门学科自然而然地分成两对:算术与音乐一对、几何与天文一对。几何与天文之间的联系足够清晰,但是算术是怎么与音乐联系在一起的呢?

相传,这起始于毕达哥拉斯及其紧密追随者——毕达哥拉斯学派②。它是通过像尼可马修斯这些后来的追随者的著作而流传至今。上面所引用的尼可马修斯的《算术》,成书时间约为公元 100 年。

音乐与算术发生联系是由于人们发现,当弦的长度成较小整数之比时,弹拨琴弦产生的音符之间会出现和声(前提是所有的弦都是用同种材料制成的,并且具有相同的张力)。当弦的长度比为 2∶1 时,就会出现音符之间的最和谐音程,即**八度音程**(the octave)。当弦的长度比为 3∶2 时,就会出现第二和谐的**五度音程**(the fifth);随后是当该比例为 4∶3 时出现的**四度音程**(the fourth)。因此,音程是"相对的"量,因为它们并不取决于实际长度,而是取决于长度之间的比例。在音乐中看到数,对于毕达哥拉斯学派而言是一种启示。他们认为这是窥见了某种更加伟大的事物:宇宙中无所不在的数与和谐。简而言之,**万物皆数**。

---

① 尼可马修斯(Nichomachus,约 60—120),古希腊数学家。《算术》(*Arithmetic*)的全称为《算术入门》(*Introduction to Arithmetic*),此书对整数、分数的算术进行了系统阐述,成为其后一千年中的一本标准教科书。——译注

② 毕达哥拉斯(Pythagoras,约前 580—前 500),古希腊哲学家、数学家、天文学家和音乐理论家。由毕达哥拉斯所创立的毕达哥拉斯学派是一个集政治、数学、宗教于一体的组织,产生于公元前 6 世纪末,公元前 5 世纪被迫解散。——译注

我们现在知道,在毕达哥拉斯学派的这个梦想中存在着大量的真相,尽管这些真相中所包含的数学概念远远超过了正整数的范围。不过,进一步讲述这个关于音乐中的正整数的故事还是颇有意思的,因为后来的发展澄清并强化了它们的作用。

八度音程如此和谐,以至于我们对高音音符与低音音符的感觉是"相同"的。因此我们习惯上将这两个音符之间的音程分为八个音符的音阶(这就是"八度""五度"和"四度"这些术语的由来)——哆、来、咪、发、嗦、拉、西、哆——其中最后一个音符的名称与第一个相同,以便作为下一个八度音程的开始。

不过,为什么相距一个八度的音符听起来"相同"呢?有一个解释来自拉伸的弦的长度与其**振动频率**之间的关系。频率是我们实际听到的东西,因为只有当(比如说)一根笛子和一把吉他使我们的耳鼓膜以同一频率振动时,它们所产生的音符才会具有相同的音高。现在,倘若我们将一根弦的长度减半,那么它振动的频率就会是原来的两倍。一般来说,倘若我们将这根弦的长度分成 n 份,那么它的频率就要乘以 n。1615 年,荷兰科学家比克曼①首先阐明了这条定律。当我们将这条定律与一根弦如何产生一个音调(一个音调实际上是由许多音符构成的,它们来自图 1.2 中所显示的各**振动模式**)的知识结合起来,就明白了每个音调都包含着比它高一个八度的音调。因此这两个音调听起来非常相似也就不足为奇了。

一根弦具有无穷多种简单振动模式:只有两个端点保持不动的基本振动模式,以及将弦分成 2, 3, 4, 5……个相等部分时的较高振动模式。如果基频是 f,那么根据比克曼定律,这些较高振动模式所具有的频率就是 $2f$, $3f$, $4f$, $5f$……。

当弦被拨动时,它会同时以所有模式发生振动,因此,从理论上来说,所有这些频率都能被听到(尽管随着频率增加,其音量是逐渐减小的,并且受制于人耳的听力极限,人们无法听到高于大约每秒振动 20 000 次的

---

① 艾萨克·比克曼(Isaac Beeckman,1588—1637),荷兰哲学家、科学家,他发现弦的振动基频与弦的长度成反比。——译注

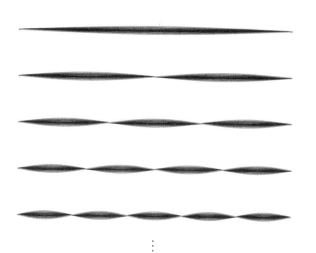

图 1.2　振动模式

频率)。一根长度减半的弦的基频是 2*f*——高一个八度——并具有频率为 4*f*, 6*f*, 8*f*, 10*f*……的较高振动模式。因此,这根长度减半的弦的所有振动频率都能在完整长度的弦的振动频率中找到。

　　既然频率加倍会制造出一个"相同而只是更高"的音调,那么反复加倍所制造出的那些音调听起来的感觉就是**等音级提高**的。这是我们第一次注意到另一种了不起的现象:**将乘法感知为加法**。感知的这一特征在心理学中被称为**韦伯-费希纳定律**(Weber-Fechner law)。它也近似地适用于对音量和光强的感知。但是应用于音高的这种感知却特别精准,并且这种感知是以八度为一个自然长度单位的。

　　毕达哥拉斯学派知道,音高相加对应的是比例(以他们的观点来看是长度之比)相乘。例如,他们知道一个五度(3/2 倍的基频)"加上"一个四度(4/3 倍的基频)就等于一个八度,这是因为

$$\frac{3}{2} \times \frac{4}{3} = 2$$

于是,五度和四度就是比八度小的两个自然的音级。八音音阶的其他各音级从何而来?毕达哥拉斯学派通过将五度相加而得到了它们,但是在这样做的过程中,他们也发现了在正整数之比的世界中的一些局限性。

假如我们将两个五度相加,就要将基频两次乘以 3/2。

$$\frac{3}{2} \times \frac{3}{2} = \frac{9}{4}$$

由于该频率就是基频乘以 9/4,这个值比 2 稍大。于是,这个音高就要比一个八度还高一点。为了求出它超过一个八度的音级大小,我们将 9/4 除以 2,得到 9/8。与基频乘以 9/8 相应的音程所对应的是音阶中的第二个音符,因此称它为**二度音程**(the second)。其他的音符也以类似的方法得出:不断地将 3/2 这个因子乘在一起,用来"加上五度",再除以 2,用来"减去八度",直到最后所得的"差值"是小于一个八度的音程(即其基频的系数在 1 到 2 之间)。

将 12 个五度音阶相加,所得的结果会非常接近 7 个八度音阶相加,而我们也会有足够的音程来构成一个八音音阶,因此,到此为止会是恰当的做法。问题在于 12 个五度与 7 个八度并不**完全**相同。两者的音程所对应的频率之比为

$$\left(\frac{3}{2}\right)^{12} \div 2^7 = \frac{3^{12}}{2^{19}} = \frac{531\,441}{524\,288} = 1.013\,6\cdots$$

这是一个非常小的间隔,称为**毕达哥拉斯音差**(Pythagorean comma)。它约等于音阶中的最小音级的 1/4,因此人们生怕这种音阶并不完全正确。此外,增加更多的五度也不可能解决这个问题。五度音符之和**永远不会**恰好等于八度音符之和。你能看出这是为什么吗?我们会在本章的最后一节对此给出解释。

这种情形看起来似乎对有理数世界之梦构成了威胁,那是一个由正整数之比所支配的世界。不过,我们不知道毕达哥拉斯学派当时是否注意到,在他们所钟爱的创造——音乐的算术理论——的核心之中存在着这种威胁。我们确实知道的是,当他们着眼于几何世界时,这种威胁对他们而言变得清晰可见了。

1.2 毕达哥拉斯定理

正整数在音乐中所发挥的作用也许是毕达哥拉斯学派的独家发现，但正整数在几何中所发挥的同样显著的作用则在其他许多地方——巴比伦、埃及、中国、印度——也有所发现，在有些情况下还比毕达哥拉斯学派更早注意到。众所周知，关于直角三角形的**毕达哥拉斯定理**①表明：斜边 c 上的正方形等于另两边 a 和 b 上的正方形之和（如图1.3）。

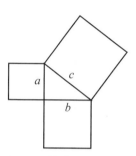

图1.3 毕达哥拉斯定理

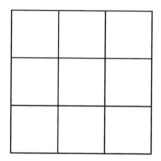

图1.4 正方形的面积

上述正方形表示的是以该条边为边长的正方形的**面积**。如果这个正方形的边长为 l 个单位，那么它自然就可被分成 $l×l=l^2$ 个单位正方形，这就是为什么将 l^2 称为"l 平方"的原因。图1.4 表示了边长为 3 个单位时的情况，此时其面积显然是 3×3=9 个平方单位。

因此，若 a 和 b 分别是上述直角三角形的两条相互垂直边的边长，而 c 是斜边的边长，那么毕达哥拉斯定理就可以写成等式

$$a^2 + b^2 = c^2$$

反之，任何满足该等式的三元正数组 (a, b, c) 都是一个直角三角形的三边组合。正整数在几何中的故事起始于这样一个发现：a、b 和 c 取值为正整数时，这个等式有许多解，因此存在着许多边长为正整数的直角三角

---

① 毕达哥拉斯定理，即我们所说的勾股定理。在西方，相传由古希腊的毕达哥拉斯首先证明。而在中国，相传于商代就由商高发现。——译注

形。其中最简单的是 $a=3$，$b=4$，$c=5$，它所对应的等式为

$$3^2 + 4^2 = 9 + 16 = 25 = 5^2$$

仅次于它的较简单的解 (a, b, c) 还有

$$(5, 12, 13)，(8, 15, 17)，(7, 24, 25)$$

除此之外还有其他无穷多个解，它们被称为"毕达哥拉斯三元数组"。早在公元前 1800 年，巴比伦人就能构造出 a 和 b 都是四位数的毕达哥拉斯三元数组了。

巴比伦人的三元数组出现在一块被称为"普林顿 322 号"（Plimpton 322，名称来自其博物馆编目号码）的著名泥板上。事实上，只有 b 和 c 的值出现在泥板上，但是 a 的值可以由以下事实推断出来：在每种情况下，c^2-b^2 都等于一个正整数的平方——这件事几乎不可能是一个巧合！此外，各对 (b, c) 都是按 b/a 的值逐步降低的顺序排列的，你从图 1.5 中可

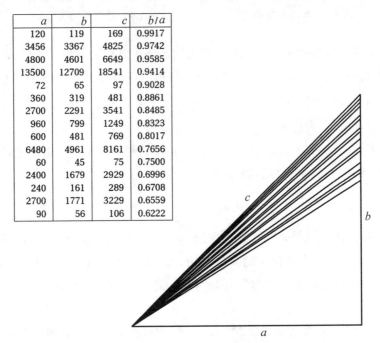

a	b	c	b/a
120	119	169	0.9917
3456	3367	4825	0.9742
4800	4601	6649	0.9585
13500	12709	18541	0.9414
72	65	97	0.9028
360	319	481	0.8861
2700	2291	3541	0.8485
960	799	1249	0.8323
600	481	769	0.8017
6480	4961	8161	0.7656
60	45	75	0.7500
2400	1679	2929	0.6996
240	161	289	0.6708
2700	1771	3229	0.6559
90	56	106	0.6222

图 1.5　来自"普林顿 322 号"的三角形

以看出这一点。

你还可以看出,这些斜线构成了一个粗略的"标度",从 30° 到 45° 的角度范围内,分布相当密集。看起来巴比伦人与毕达哥拉斯学派的学者们十分相似,也信仰一个由正整数之比构成的世界,而这项工作则可以作为一个练习,与用正整数之比来细分八度音阶类似。但如果真是这样的话,那么这个有理的几何世界中就存在着一个显而易见的漏洞:在这个标度的最上方没有出现 $a=b$ 的三角形。

我们要归功于毕达哥拉斯学派,因为在毕达哥拉斯定理的所有发现者之中,只有他们对有理数世界中的这个漏洞感到了困惑。他们对此非常困惑,这使他们想要努力理解这个漏洞,并在此过程中发现了一个**无理数**世界。

1.3 无理三角形

世界上最简单的三角形当然就是一个正方形的一半，即具有两条等长直角边的三角形（如图 1.6）。假如我们令这两条直角边的长度为 1，那么根据毕达哥拉斯定理，斜边 c 就满足 $c^2 = 1^2 + 1^2 = 2$。因此 c 就是我们所说的 $\sqrt{2}$，即 2 的**算术平方根**。

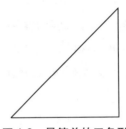

图 1.6　最简单的三角形

$\sqrt{2}$ 是正整数之比吗？没有任何人找到过这样一个比例，但这也许只是因为我们找的范围还不够广。毕达哥拉斯学派发现，**不存在这样的比例**，他们很可能利用了偶数和奇数的某些简单性质。例如，他们知道一个奇数的平方还是一个奇数，因此一个偶平方数就必定等于一个偶数的平方。不过，这是简单的那一部分。困难的部分就是要去想象，在我们已知的所有数都是正整数之比的情况下，去证明 $\sqrt{2}$ 并不属于正整数之比。

这就需要一种被称为"反证法"或"归谬法"的大胆证明方法。要证明 $\sqrt{2}$ 不是正整数之比，我们就要（为了论证之需）先**假设它是正整数之比**，然后推导出一个矛盾。于是这个假设就是错误的，而这正是我们想要证明的。

在本例中，我们首先假设

$$\sqrt{2} = m/n，其中 m 和 n 是正整数$$

我们还假设 m 和 n 没有任何公因子。特别是，m 和 n 不都为偶数，否则这两个数存在公因子 2。将该式两边取平方，得到

$$2 = m^2/n^2$$

两边同乘以 n^2，得 $\qquad 2n^2 = m^2$

因为 m^2 是 2 的倍数，所以 $\qquad m^2$ 是偶数

因为 m 的平方是偶数，所以 $\qquad m$ 是偶数

对于某个正整数 l，有 $\qquad m = 2l$

因为 $m^2 = 2n^2$，所以 $\qquad m^2 = 4l^2 = 2n^2$

两边同除以 2，得 $\qquad n^2 = 2l^2$

于是 $\qquad n^2$ 是偶数

于是 $\qquad n$ 是偶数

然而，这与我们假设的 m 和 n 不都为偶数是矛盾的，因此 $\sqrt{2}$ 就**不是正整数之比 m/n**。出于这个原因，我们将 $\sqrt{2}$ 称为"无理数"。

"无理的"和"荒谬的"

在日常语言中，"无理的"这个词的意思是不合逻辑的或者不合理的——人们会认为，将它应用于数实在是一个带有偏见的术语。那么数学家如何能毫无疑虑地使用它呢？这是一个有趣的故事，也表明了数学术语的演变可以具有很大的偶然性。

在古希腊，"logos"一词涵盖了涉及下列词语的一整组概念：语言、推理、解释和数。这是英语单词"逻辑"（logic）和所有以 -ology 结尾的单词的词根。正如我们所知，毕达哥拉斯学派将数视为最终的解释手段，因此"logos"也有比例或计算的意思。

与此相反，它的反义词"alogos"的意思则是合理的对立面，在一般意义上和在几何学中都是如此。欧几里得在几何学中用它来表示那些无法表示为正整数之比的量。

"logos"和"alogos"在拉丁语中被翻译成"rationalis"和"irrationalis"，东哥特国王狄奥多里克（Theodoric）的大臣卡西奥多罗斯（Cassiodorus）在大约公元 500 年首先在数学中使用了它们。英语中的单词"rational"（有理的）和"irrational"（无理的）来自拉丁语。无论在数学中还是在一般意

义上,这两个词都保持原意不变。

　　与此同时,"logos"和"alogos"也有"可表示的"和"不可表示的"的意思,因此,在约公元 800 年,当数学家花拉子米①在著作中用阿拉伯语表达它们时,将它们替换成了意思稍有变化的"听得见的"和"听不见的"。后来的阿拉伯翻译者进一步将"听不见的"曲解为"哑的",而这个词重新回到拉丁语时变成了"surdus",意思是"沉默的"。最后,"surdus"在雷科德②1551 年出版的《通往知识之路》(*The Pathwaie to Knowledge*)一书中变成了英语单词"surd"。由拉丁语"absurdus"派生出来的单词"absurd"所表示的意思是"不入调的"或"不和谐的",因此这个单词实际上并未远离它的毕达哥拉斯学派词源。

　　不过,我们从毕达哥拉斯哲学发展至今已经走过了漫漫长路。去正整数世界之外寻找解释不再是"无理的"。因此,如今"无理的"这个词的日常使用方式与数学中的使用方式之间存在着冲突。毫无疑问,我们不可能不再将那些不合情理的行为称为"无理的",于是最好不再将这些数称为"无理的"。不幸的是,这似乎注定失败。

　　早在 1585 年,荷兰数学家斯蒂文(Simon Stevin)就痛斥将"无理的"和"荒谬的"这两个词用于数字,但是没有人听从他的意见。在受到广泛抵制的情况下,斯蒂文使用**不可公度的**(incommensurable)这一相关术语来表示任何不成正整数之比的数对,从而巧妙地避免了使用"无理的"之类的绝对化术语来描述数。他还将有理数称为"算术数"。斯特罗伊克(D. J. Struik)对斯蒂文的《算术》(*l'Arithmetique*)一书中的话释义如下:

　　不存在任何荒谬的、无理的、不规则的、无法说明的以及不合理的数。

---

① 花拉子米(al-Khwārizmī,约 780—约 850),波斯数学家、天文学家及地理学家。他将印度数字翻译成拉丁文,十进制因此传入西方。——译注

② 罗伯特·雷科德(Robert Recorde,约 1512—1558),英国医师和数学家。他用英文撰写的几何、天文和代数著作均为英语世界中的第一部。他还发明了等号,并将加号引入英语世界。——译注

$\sqrt{8}$ 确实与算术数不可公度,但这并不意味着能用诸如荒谬之类的词来形容它。……假如 $\sqrt{8}$ 和一个算术数是不可公度的,那么 $\sqrt{8}$ 的过错和这个算术数的过错一样多(或者说一样少)。

1.4 毕达哥拉斯之噩梦

一个由正整数支配的世界——对于这一梦想而言，在几何学中发现了无理性是一个可怕的打击。单位正方形的对角线无疑是真实的——就如同这个正方形本身一样真实——但它的长度却不能表示为一个正整数之比，因此以毕达哥拉斯学派的观点看来，它就根本不能用数表示。后来的希腊数学家对付这个噩梦的方法是，将几何学发展为一门非数值学科：即对那些被称为**量级**（magnitude）的量的研究。

量级包括像长度、面积和体积这样的一些量。它们也包含着数，但是在古希腊人看来，长度并不具有数的全部性质。例如，两个数的乘积本身也是一个数，而两段长度的乘积却**不是**一段长度——它是一个矩形。

一个边长为 2 和 3 的矩形，确实是由 $2 \times 3 = 6$ 个单位正方形构成的。这反映了这样一个事实：2 和 3 这两个**数**的乘积等于 6 这个数。如今，我们将这个矩形称为"2×3 矩形"，就是利用了面积和乘法之间的这种相仿比较关系。然而，边长为 $\sqrt{2}$ 和 $\sqrt{3}$ 的矩形，却**不是**由 $\sqrt{2} \times \sqrt{3}$ 个单位正方形构成的。参见图 1.7。事实上，这个矩形不能被分割成任何尺寸的正方形，因此从毕达哥拉斯学派的数的意义来说，它当然也就不是由任何"数量"的单位正方形构成的。

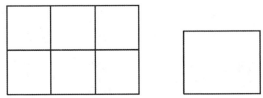

图 1.7 2×3 矩形与 $\sqrt{2} \times \sqrt{3}$ 矩形的对比

这对**代数**的一般概念造成了阻碍，因为代数中的加法和乘法是不受限制的，并且这也给通常直截了当的**相等**概念带来了麻烦。将一个图形剪切成几块碎片，再将它们组合起来构成另一个图形，就表明这两个图形具有相等的面积。事实证明，任何多边形都可以用一个唯一的正方形来以这种方法"度量"，尽管存在着一些困难，但是古希腊的面积理论给出了与我们同样的结论。事实上,"通过剪切和粘贴得到相等关系",甚至能给出若干代数恒等式的精巧证明。图 1.8 就证明了为什么 $a^2 - b^2 = (a-b)(a+b)$。

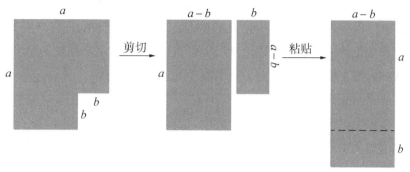

图 1.8　两个平方之差：为什么 $a^2-b^2=(a-b)(a+b)$

不过,关于体积的概念存在着更大的麻烦。古希腊人将三段长度 a, b, c 的乘积看成是一个**盒子**,其三条相互垂直的边长分别是 a, b, c,而他们又用盒子来度量体积。这种思路中至少存在着两个问题。

- 体积不能通过有限数量的切割来确定。体积的恰当度量手段是立方体,但并不是所有多面体都能被切割成有限数量的碎块再组合起来构成一个立方体。事实上,要测量一个四面体的体积,就必须将它切割成无穷多块。(参见第 4.3 节中给出的一种做法。)古希腊人并不知道这一点,但是这里的问题也在于无理性。1900 年,德国数学家德恩(Max Dehn)证明,度量四面体出现困难的原因是,其各面之间的夹角不等于直角的有理数倍。

- 我们对于四段长度的乘积表示什么意思全然不知,因为我们无法想象出超过三维的空间。

这就导致了古希腊数学中的几何和数论发生了分裂,并最终对几何学带来了损害。这种分裂在欧几里得的《几何原本》(*Elements*)中清晰可见,这是有史以来最具影响力的数学书。《几何原本》写作时间约为公元前 300 年,直至 19 世纪末它一直是数学教育的基础,如今依然很畅销。(我最近就在洛杉矶的一家机场书店里看到过一本。)

《几何原本》共分为 13 卷,其标准英文版足足有三大本。前六卷处理的是一般意义上的量级,其中包括关于长度、面积和角度的那些基本定理。例如,毕达哥拉斯定理就是第一卷中的命题 47。我们所知道的正整数理论——整除性、公因子和素数——直到第七卷才开始阐述。这些内容在基础数学教学中是很少论及的。因此,对于无理数的恐慌就阻碍了代数和数论的发展。其中数论这门学科直到 16 世纪才开始真正起步,此时欧洲人终于克服了他们对于三个以上的量相乘的畏惧。我们会在下一章讲述这个故事。

事实上,《几何原本》的读者之中,能读完第五卷的人并不多。这是非常深奥而微妙的一卷,其中解释了量级与正整数之间的关系。第五卷包括了将量级**当作**数来处理,从而创造了进行无理数计算的关键方法。不过书中未能着手进行实际计算,其原因会在下一节解释。

1.5 解释无理数

以理性的眼光来看,没有公度的两条线段,比如说一个正方形的边和对角线,是不存在明显差异的。它们各自都可以由对方构造出来,而且同样容易。这就是斯蒂文在他 1585 年出版的《算术》一书中为无理数进行辩护的中心思想。正如我们在第 1.3 节中见到的,他反对将数称为"无理的"这种概念,因为从几何观点来看,所有的数都同样具体。然而,如今我们仍然在使用"有理数"这个术语,而不是斯蒂文的"算术数",因此,我们也就没法摆脱"无理数"这个术语。于是,问题就是要去解释它们是什么样的数。我们该如何去感知有理数与无理数之间的差别? 像 $\sqrt{2}$ 这样的一个无理数,究竟又该如何去理解呢?

问题的关键是,要将无理数与我们所知道的有理数进行比较。这一简单却深刻的想法起始于大约公元前 350 年的欧多克索斯(Eudoxus),并在欧几里得的《几何原本》第五卷中得到了详尽的阐述。像单位正方形的对角线这样的一条无理线段,其长度不等于单位长度的任何有理数倍,但是我们知道(例如)它大于 1 个单位长度而小于 2 个单位长度。事实上,我们可以精确地说出单位长度的哪些有理数倍小于这条对角线,哪些又大于这条对角线。欧多克索斯认识到,这就是我们需要知道的全部了:**通过小于某个无理数的那些有理数,以及大于它的那些有理数,就可以确知这个无理数。**

我们可以利用我们最熟悉的那类有理数,即**十进制分数**(分母为 10,100,1000……的分数,如 $\dfrac{25}{100} = 0.25$),使这种概念更加切合实际。我们用小数点的形式来写出这些数,例如 1.42,它表示的是 $\dfrac{142}{100}$ 这个有理数。并不是所有的有理数都是十进制分数,但是对于任何无理数,我们都有足够的十进制分数把它确定下来:**通过小于某个无理数的那些十进制分数,以及大于它的那些十进制分数,就可以确知这个无理数。**

以下就是如何将这种"通过社交圈来了解某人"的数学形式应用于 $\sqrt{2}$ 这个无理数。假如我们知道

$$1 < \sqrt{2} < 2$$

那么我们就对 $\sqrt{2}$ 有所了解了；假如我们知道

$$1.4 < \sqrt{2} < 1.5$$

那么我们就知道得比较多了；假如我们知道

$$1.41 < \sqrt{2} < 1.42$$

那么我们就知道得更加多了；假如我们知道

$$1.414 < \sqrt{2} < 1.415$$

那么我们就知道得愈加多了；以此类推。

假如对于任意十进制分数 d，我们都知道 $d < \sqrt{2}$ 或是 $d > \sqrt{2}$，我们就**完全**知道 $\sqrt{2}$ 了。这是因为没有任何其他量会与 $\sqrt{2}$ 处于相同位置，即对于同样的十进制分数，都能满足这些大于和小于的关系。任何其他量 q 都必定与 $\sqrt{2}$ 之间存在一个差值，比如说这个差值大于 $0.00\cdots01$。但是在这种情况下，q 就会大于某个十进制小数 $d+0.00\cdots01$，而 $\sqrt{2}$ 则小于这个小数，反之亦然。因此，**这两个有理数之间由 $\sqrt{2}$ 所占据的那个间隙只有"一个点的大小"**——没有任何其他量落入其中。

为了找到这个间隙的位置，我们将 $\sqrt{2}$ 与它的那些十进制小数邻居作比较，依次观察具有 1，2，3……位数的十进制小数，就像我们在上文中开始做的那样。不过，现在我们让这些数的位数无限增加下去，从而这条间隙的宽度就逐渐缩小到趋近于 0。

小于 $\sqrt{2}$ 的那些邻居（它们的平方小于 2）是

1

1.4

1.41

1.414

1.414 2

1.414 21

1.414 213

1.414 213 5

1.414 213 56

1.414 213 562

1.414 213 562 3

1.414 213 562 37

1.414 213 562 373

$\vdots$

而大于 $\sqrt{2}$ 的那些邻居(它们的平方大于 2)是

$\vdots$

1.414 213 562 374

1.414 213 562 38

1.414 213 562 4

1.414 213 563

1.414 213 57

1.414 213 6

1.414 214

1.414 22

1.414 3

1.415

1.42

1.5

2

因此，$\sqrt{2}$ 的位置就在这两组十进制小数之间，可以精确地描述为一个**无限小数**(infinite decimal)，它的开头几位是

$$1.414\ 213\ 562\ 373\cdots$$

如今，我们常常把这个无限小数**当作** $\sqrt{2}$，而无限小数确实也很可能是表示所有类型的无理数的最具体方式。斯蒂文在他 1585 年出版的《十分之一》(*De Thiende*)一书中简要地介绍了无限小数。无限小数可以相加或相乘，可见无限小数不仅看起来像数，它们的表现也像数。

古希腊人没有使用无限小数来表示无理数，这是因为他们当时甚至还没有有限小数。他们在任何情况下都不大可能接受无限形式的数，因为他们不相信无限的对象。他们愿意接受无限的**过程**，即永无终结的过程，比如说列出正整数 1，2，3……。然而他们却不接受无限的对象，因为一个无限的对象看起来似乎会终结一个永无终结的过程，而这是一个不可能的结果。不过，无限的过程出现在任何一个试图理解无理数的尝试中，而在 $\sqrt{2}$ 的例子中，古希腊人发现了一个过程，它确实比无限小数更容易理解。我们会在第 1.6 节中研究这一无限过程。

如果你能读到这些内容，那么请感谢一位英语老师

有一种尚属简单的算法可用于计算出平方根的无限小数，而在 20 世纪初期，学校里确实也曾教过这种算法。在我的学生时代，教学大纲里已经没有这种算法了，不过我在读七年级或八年级的某一天，数学老师请病假，于是我碰巧学到了它。当时来代课的是英语老师伯克夫人(Mrs. Burke)，她教了我们一些她自己从学生时代就记得的知识：平方根算法。随着 $\sqrt{2}$ 的各位数字相继出现，我惊异并高兴地意识到，数学中存在着各种**奥秘**。

无论我们仔细观察多少位数字，比如说前 40 位，

$$1.414\ 213\ 562\ 373\ 095\ 048\ 801\ 688\ 724\ 209\ 698\ 078\ 569\cdots$$

我们都无法预料接下去会出现什么数字。伯克夫人告诉我们，这些数字

不存在确知的模式,她的说法很可能至今仍然是准确无误的。这些数字序列看起来是以某种方式随机出现的,但是我们也无法证明**这一点**。我们不知道每个数字是否以同样的频率出现;我们甚至不知道某个特定的数字,比如说 7,是否无限频繁地出现。因此,我们也就不真正"知道"表示 $\sqrt{2}$ 的这个无限小数,只有一种计算其任意有限部分的过程。

这就是我最初对数学尤其是无理数产生兴趣的起因。逐步"知道" $\sqrt{2}$ 的各位无限小数,这个过程对于某些人来说也许太令人沮丧了——数学家通常更喜欢能给他们一些成功机会的题目——不过这提醒了我们,还有很多知识有待于我们去理解。而且,由于无限小数是如此令人完全摸不着头脑,这就激励我们去考虑 $\sqrt{2}$ 的其他各种不同处理方法,以期在别处得到启迪。$\sqrt{2}$ 无疑是一个简单的无理数,因此应该能有一种简单的方法来看待它。

1.6　$\sqrt{2}$ 的连分数表示

　　有一种比无限小数算法更富有启发性的过程,就是将 $\sqrt{2}$ 与一个**可预知**的无限数列相联系,而这样的过程也确实存在:著名的**欧几里得算法**[①]。以欧几里得来命名这种算法的原因是,它最早出现在《几何原本》的第七卷中。不过也有证据表明,它更早就被用于对无理数的探究。

　　欧几里得算法的目的是要求出两个量 a 和 b 的一个**公度**。假如有

$$a = mc,\ b = nc,\ \text{其中 } m \text{ 和 } n \text{ 是正整数}$$

那么 c 就是 a 和 b 的一个**公度**。这种算法的关键是以下事实:

$$a - b = (m - n)c$$

因此,a 和 b 的任意公度 c 也是 a 和 b 之差的一个度量。如果 a 大于 b,那么我们就可以用一个"较小的"公度,即求出 $a-b$ 和 b 的一个公度,来代替 a 和 b 的公度。这正是这种算法所做的。算法通过"不断用较大的量减去较小的量"(这是欧几里得的说法)来寻找一个公度。

　　当存在着一个公度时,欧几里得算法就会在有限步之内找到它。特别是,当 a 和 b 都是正整数时,这种算法就会给出 **a 和 b 的最大公因子**。这一概念在自然数论中非常重要,我们会在第 7 章中继续讨论它。

　　现在我们感兴趣的是相反的情况,即 a 和 b 没有公度。在这种情况下,这种算法必定会永远运行下去,不过其运算方式可能会使我们明白,它**为什么**会永远运行下去。比如我们有幸遇到 $a = \sqrt{2}$ 且 $b = 1$。这种情况下,欧几里得算法会永远运行下去,这是因为它会变成**周期性**的:它会回到以前曾经出现过的状态。与计算 $\sqrt{2}$ 的无限小数过程不同的是,将欧几里得算法用于 $\sqrt{2}$ 和 1,会产生可能最简单的一种无限表

———————————

①　欧几里得算法在我国被称为"辗转相除法",可追溯到东汉的《九章算术》。——译注

数学的惊人真相

渴望不可能

22

现形式。

为了尽可能清晰地展示周期性表现,我将欧几里得算法应用于 $a = \sqrt{2} + 1$, $b = 1$ 这种稍加变化的情况,周期性在这种情况下会出现得更早。另外,我会用一种几何形式来呈现这种算法。将 a 和 b 这两个量用一个矩形的长边和短边来表示,而通过切掉一个边长为 b 的正方形,就将短边 b 从长边 a 中减去了(如图1.9)。

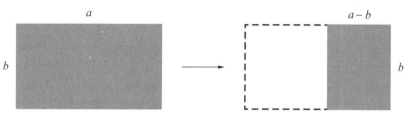

图 1.9　用两个量中较大的量减去较小的量

当 $a = \sqrt{2} + 1$, $b = 1$ 时,我们从 a 中两次减掉 b,就可以得到一个小于 b 的量。得到的是一个长边为 1、短边为 $\sqrt{2} - 1$ 的矩形,如图1.10所示。**我断言这是对初始状态的一种重复,因为这个新的矩形与原来的矩形具有相同的形状。**

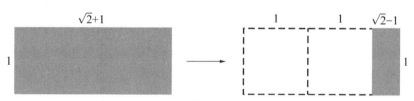

图 1.10　从 $\sqrt{2} + 1$ 中两次减掉 1

为了理解其中的原因,让我们来计算 $\dfrac{长边}{短边}$,这一比例就表示了矩形的形状。对于原来的矩形,有

$$\frac{长边}{短边} = \frac{\sqrt{2} + 1}{1} = \sqrt{2} + 1$$

对于新的矩形,有

$$\frac{\text{长边}}{\text{短边}} = \frac{1}{\sqrt{2}-1}$$

$$= \frac{1}{\sqrt{2}-1}\frac{\sqrt{2}+1}{\sqrt{2}+1} \qquad (\text{分子分母都乘以}\ \sqrt{2}+1)$$

$$= \frac{\sqrt{2}+1}{(\sqrt{2})^2-1^2} \qquad (\text{根据第 1.4 节中的"两个正方形之}$$
$$\text{差"可得,}\ (\sqrt{2}-1)(\sqrt{2}+1) =$$
$$(\sqrt{2})^2-1^2)$$

$$= \frac{\sqrt{2}+1}{2-1} = \sqrt{2}+1$$

因此,新的矩形与原来的矩形具有相同的形状。当我们继续将欧几里得算法运行下去,同样的事情就会反复地发生:从新的矩形中切掉两个正方形,又产生另一个同样形状的矩形,以此类推。这种算法不会终止,因为它不断地复制出相同的几何形状。

还有一点也很清楚:假如从 $\sqrt{2}$ 和 1 这对数开始执行欧几里得算法,那么它也不会终止。唯一的变化在于,只是从原来的矩形中切掉一个正方形。此后,边长之比为 $(\sqrt{2}+1):1$ 的矩形就会无限次反复出现。

由于古希腊人知道 $\sqrt{2}$ 是无理数,他们也就知道将欧几里得算法应用于 $\sqrt{2}$ 和 1 时,它不会终止。确实,《几何原本》第十卷中的命题 2,陈述的就是将这种算法的永不终止作为无理性的一条判据。我们不那么清楚的是,古希腊人是否观察到了将这种算法用于 $\sqrt{2}$ 和 1 时所出现的**周期性**。许多人都认为他们观察到了,但《几何原本》里并没有提及这一点,而关于这一信息的其他种种可能来源也都失传了。

有一件事是清楚的。用分数的符号来展示 $\sqrt{2}$ 的周期性要容易得多,而古希腊人并没有这种记号法。同样,为了示范的目的,最好还是用 $\sqrt{2}+1$,因为周期性在这种情况下会出现得更早。我们首先按照这种算法的要求,从 $\sqrt{2}+1$ 中两次减掉 1。结果剩下 $\sqrt{2}-1$,它也等于 $\frac{1}{\sqrt{2}+1}$,

因为正如上文中已经发现的，$(\sqrt{2}-1)(\sqrt{2}+1)=1$。于是得到

$$\sqrt{2}+1=2+(\sqrt{2}-1)=2+\cfrac{1}{\sqrt{2}+1}$$

这就是说，上式右边的分数下方的 $\sqrt{2}+1$ 就等于**整个**等式左边。因此我们可以用 $2+\cfrac{1}{\sqrt{2}+1}$ 来代替 $\sqrt{2}+1$，并不断地这样继续下去，直到我们满意为止：

$$\sqrt{2}+1=2+\cfrac{1}{\sqrt{2}+1}=2+\cfrac{1}{2+\cfrac{1}{\sqrt{2}+1}}=2+\cfrac{1}{2+\cfrac{1}{2+\cfrac{1}{\sqrt{2}+1}}}=\cdots$$

这一过程的逻辑结论是一个用来表示 $\sqrt{2}+1$ 的无限周期分数，它被称为"连分数"：

$$\sqrt{2}+1=2+\cfrac{1}{2+\cfrac{1}{2+\cfrac{1}{2+\cfrac{1}{2+\cfrac{1}{2+\cfrac{1}{\ddots}}}}}}$$

最后,我们将上式两边都减去 1,就得到了表示 $\sqrt{2}$ 的连分数：

$$\sqrt{2}=1+\cfrac{1}{2+\cfrac{1}{2+\cfrac{1}{2+\cfrac{1}{2+\cfrac{1}{\ddots}}}}}$$

欧几里得算法导致 2 无限次反复出现,反映这一点的是上述连分数中的 2 的无限序列。

连分数和小数中的周期性

你可能会想知道,像我们上文中所做的那样,通过令等式右边的分数下方的分数线无限延伸下去,从而输出 $\sqrt{2}$,这种做法是否站得住脚。一旦我们认可这个连分数是有意义的,我们就可以通过以下过程,证明它的值确实等于 $\sqrt{2} + 1$。为此设

$$x = 2 + \cfrac{1}{2 + \cfrac{1}{2 + \cfrac{1}{2 + \cfrac{1}{2 + \cfrac{1}{2 + \cfrac{1}{\ddots}}}}}}$$

那么 x 就是一个正数(事实上它大于 2),并且由于等式右边的 1 下方的项就等于整个等式右边,我们就有

$$x = 2 + \frac{1}{x}$$

将上式两边都乘以 x,重新整理,我们就得到方程

$$x^2 - 2x - 1 = 0$$

这个二次方程有两个解:$1 + \sqrt{2}$ 和 $1 - \sqrt{2}$,但是只有前一个解是正的,因此它就是该连分数的值。

有一个与此类似的论证表明,任何周期性连分数都是一个二次方程的解,这就意味着周期性的出现是相当罕见的。在无限小数中,周期性甚至更为特殊:它只在有理数的情况下才出现。通过一个随意选择的例子就可以看出其中的原因,比如说

$$x = 0.235\ 717\ 171\ 717\ 171\cdots$$

首先,我们将它乘以 1000,以将它的小数点移动三位(它是出现在周期部分之前的 235 这一数段的长度):

$$1000x = 235.717\ 171\ 717\ 171\cdots$$

然后再将它乘以 100,于是又将它的小数点移动了两位(它是"周期"71 的长度):

$$100\ 000x = 23\ 571.717\ 171\ 717\ 171\cdots$$

最后,我们用 $100\ 000x$ 减去 $1000x$,从而消去小数点以后的部分:

$$100\ 000x - 1000x = 23\ 571 - 235,\ \text{即}\ 99\ 000x = 23\ 336$$

因此 x 就是有理数 $\dfrac{23\ 336}{99\ 000}$。

1.7 平均律

现在是时候回过头讨论第 1.1 节中提出的音乐问题了：五度音符之和可能等于八度音符之和吗？答案是否定的。这是因为，将 m 个五度音符相加，就对应于将基频乘以 $(3/2)^m$；而将 n 个八度音符相加，就对应于将基频乘以 2^n。如果这两个音程相等，那么

$$\left(\frac{3}{2}\right)^m = 2^n$$

将上式两边乘以 2^m，可得

$$3^m = 2^m \times 2^n$$

然而这是不可能的，因为等号左边是奇数（它是几个奇数的乘积），而等号右边却是偶数（它是几个偶数的乘积）。可见八度音符和五度音符并没有"公度"，因此毕达哥拉斯学派试图用有理数来将八度音符分成自然音级的企图，从一开始就注定失败——尽管毕达哥拉斯学派的信徒们可能从未注意到这一点。

如果有人想要用八度音符和五度音符来构成具有最甜美和声的音阶，那么他是不可能通过将八度音符分成相等的音级来将两者都包括在内的。可能实现的是这样一个**近似**的音阶，因为 12 个五度音符之和与 7 个八度音符之和相近。不过（正如第 1.1 节中提到过的），12 个五度音符与 7 个八度音符之间的差异占据了一个音级中不可忽略的一部分，因此有必要进行某种折中。假如纯五度音符是音阶中的一个音符，那么该音阶中某些本应该相等的音级就会不相等。假如我们坚持等音级，那么该音阶中的五度音符就会不纯——它与一度音符之间的频率之比就不会精确等于 3∶2。

这个问题既困扰了东方音乐界，也困扰了西方音乐界。传统的中国音乐一般基于一种与西方不同的音阶（将八度音符分成五个音级而不是七个音级——对应于钢琴上的黑键），但是中国人也曾试图用 12 个纯五度音符的循环来构建音阶，结果陷入了同样的困境。令人惊奇的是，东方

和西方几乎同时提出了用一个八度音符的十二等分（"半音"）来构建音阶的折中解决方案，提出者分别是中国的朱载堉和荷兰的斯蒂文。一般认为，他们作出发现的时间分别是 1584 年和 1585 年。但这两个时间都不精确，因此我们似乎可以公平地认为，这两项发现是独立作出的。（还有另一个事实也让这一巧合令人难以置信，耶稣会传教士到达中国的时间也是 16 世纪 80 年代，他们首次将西方数学带到了中国。）

朱载堉和斯蒂文都认识到，将 12 个相等的半音相加构成一个八度音符，实际上就相当于将同一个数自乘 12 次，以得到乘积 2。因此，一个半音就对应于 2 的 12 次方根，或者按照斯蒂文的写法就是 $2^{1/12}$。在东方和西方的音阶中，关键音符都比一度音符高 7 个半音，因此其频率之比就是

$$(2^{1/12})^7 = 2^{7/12} = 1.498\,31\cdots$$

这无疑非常接近 1.5 这一纯五度音符的比例，尽管有些人能够听出其中的区别。不过，这种不完美五度音符的优势在于，12 个这样的五度音符恰好构成 7 个八度音符，并且由 12 个五度音符构成的一个循环恰好能符合这种新音阶中的所有音符。

这个由相等半音构成的体系，或者称之为"平均律"，显然非常简单而又有着数学之美。然而，它并没有立即在音乐家中流行开来。在西方音乐中，它直到 19 世纪才变得广为流传。人们通常认为，巴赫[①] 1722 年创作的《平均律钢琴曲集》（*Well-Tempered Clavier*）是在为平均律打广告，不过它更可能是意图炫耀一种比较古老的体系。此外还存在许多"自然音阶"体系，在比毕达哥拉斯学派的音阶更接近相等半音的同时，又保持了纯五度音符。

当然，对于一位现代数学家而言，平均律之所以有意思，原因就在于其基本比例 $2^{1/12}$ 是**无理数**。这必定是由于它的六次幂是无理数 $\sqrt{2}$，而有理数的幂也是有理数。由此可见，**除了保留八度音符的比例 2∶1 之外，**

---

① 约翰·塞巴斯蒂安·巴赫（Johann Sebastian Bach，1685—1750），巴洛克时期的神圣罗马帝国作曲家，管风琴、小提琴、大键琴演奏家。——译注

平均律在音乐中摒弃了所有其余的整数比例。在很长一段时间里,中国人似乎并不知道无理数。根据李约瑟①的《中国科学技术史》所述:

> 中国数学家……如果确实觉察到无理数独立存在的话,那么他们似乎既没有被无理数吸引,也没有对它们感到不知所措。

朱载堉也许是相对于这种描述的一个例外。1604 年,他撰成《算学新说》(*New Explanation of the Theory of Calculation*),在书中他推导出了平均律所需的 2 的各次根之值。他对 $\sqrt{2}$ 的兴趣如此浓厚,以至于用 9 个算盘将它算到了 25 位的精度!

正如我们从第 1.3 节中了解到的,斯蒂文充分意识到无理数的存在,并积极主张它们与有理数享有同等权利。在他的《歌唱艺术理论》(*Theory of the Art of Singing*)一书中,他抓住这个机会来嘲弄那些不相信无理数的人。他甚至声称十二平均律中的五度必定**听起来**很甜美,因为 $2^{7/12}$ 是一个如此美妙的数!

> 现在也许有人会感到疑惑,根据古老的观点,五度的甜美声音怎么可能基于这样一个无法表达的、无理的、不相宜的数呢? 对此我们可以提供一个详细的答案。不过,……对于那些不能理性、恰当地看待那些误解的格格不入的人们来说,我们并不指望让他们领悟这些数的可表达性、有理性、适宜性以及协调相容的完美……②

这是毕达哥拉斯主义的重生!"万物皆数"再现了,不过其中"数"的意义已扩展到将无理数也包括在内了。

作为结论,我们应该指出,朱载堉和斯蒂文看待音乐中的比例的方式都与毕达哥拉斯相同——看成弦的长度之比——因为他们写作的时间是

---

① 李约瑟(Joseph Needham,1900—1995),英国生物化学家。他所著的《中国科学技术史》(*Science and Civilisation in China*)对现代中西文化交流影响深远。他提出的关于中国科技停滞的"李约瑟难题"也引发了世界各国的关注和讨论。——译注

② 摘自《西蒙·斯蒂文主要著作》(*The Principal Works of Simon Stevin*)第 5 卷第 441页,英译者为福克(Adriaan Fokker)。本书作者在伦斯特拉(Hendrik Lenstra)的协助下作了修改。——原注

在比克曼发现音高对应于振动频率之前几十年。因此,如今在像吉他之类乐器的琴格布置中,我们可以看到他们的想法的最直接体现形式(如图1.11)。将手指从一个琴格滑到下一个琴格,就会将振动琴弦的长度改变一个 $2^{1/12}$ 的因子。

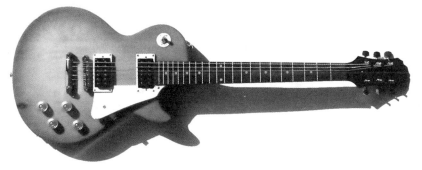

图 1.11 吉他的琴格

第 2 章 虚数

概况预习

在第 1 章中,我们看到了为什么用于计数和基本算术运算的 1, 2, 3……这些数不能满足几何学的全部需求。为了计量线段长度,我们需要像 $\sqrt{2}$ 这样的无理数。实际上,我们需要一个连续的数列,用某种像线段本身那样的东西来填满 1, 2, 3……之间的空隙。

我们通过 0, -1, -2, -3……将这个连续数列反向扩展,从而让每一个正数 x 都有一个负数 $-x$ 与它对应,这就得到了一条完整的直线,称为"实数轴" $\mathbb{R}$。这样得到的一条直线在两个方向都延伸至无限,直线上的各点表示的数可以毫无限制地相加、相减、相乘和相除(只有除以零是例外)。

"实"这个名称当然就意味着没有任何其他数是真实存在的,不过代数会提出更多要求。代数是用来解方程的,例如

$$x^3 - 15x = 4$$

这个方程有一个实数解,但是,关于它有着一些奇怪的事情:根据解答这类方程的公式, $x^3 - 15x = 4$ 的解中包含 $\sqrt{-1}$。这样的解看起来是不可能存在的,因为没有任何实数的平方会等于 -1。确实,像 $\sqrt{-1}$ 这样的数

曾经被称为"不可能的数"，甚至到今天仍然被称为"虚数"。

为了使 $x^3-15x=4$ 的实数解与公式给出的这个"不可能的"解获得一致，数学家不得不认为，用这些"不可能的数"来进行计算是有意义的。"用不可能的数来进行计算"的成功应用，导致 $\sqrt{-1}$ 被人们接受为一类新的数，这类数现在被称为"复数"。

2.1　负数

　　负数表示减去的比你所拥有的一切还要多时所得的结果,因此所有使用过钱的人对它们都很熟悉。我们也不应该忘记 0,它是恰好减去你拥有的一切后所得的结果:

$$0 = n - n$$

于是负数 $-n$ 就可以看成是正数 n 的**镜像**,可以用 0 减去这个正数来得到:

$$-n = 0 - n$$

正整数 1, 2, 3, 4……的负数被称为**负整数**-1, -2, -3, -4……。它们与 0 和 1, 2, 3, 4……一起构成了**整数**。在负整数之间插入负的有理数,并用负的无理数填满负的有理数之间的间隙,于是我们就得到了一条完美对称的**实数轴** $\mathbb{R}$,它向左右两边延伸至无限远处(如图 2.1)。

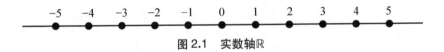

图 2.1　实数轴 $\mathbb{R}$

　　正如我说过的,所有使用过钱的人(还有那些住在气温会降到零℃以下的寒冷气候中的人)都对负数很熟悉。不过,人们对于负数的熟悉充其量只是达到加法和减法的范围。当温度上升 3℃时,我们就加上 3;当温度下降 3℃时,我们就减去 3;在必要的情况下,我们用 0 去减而得到一个负的温度。同样,当你欠 3 美元时,你就从你的账目中减去 3;在必要的情况下,你用 0 去减而得到一个负的结余,即一笔**债务**。

　　当一位数学家出现,并且想要**乘以**负数时,疑问就出现了。许多人会说,把这些仅打算用于相加和相减的数去相乘是毫无意义的。例如,-1 乘以-1 是什么呢? 不过,这种无意义是可以避免的,前提是在算术中对定律强制执行规定:适用于正数的定律也应该适用于负数。

　　当我们将这种规定推广到负数时,我们发现-1 乘以-1 恰好存在着一个合理的值,而且事实上对于每个涉及负数的乘积,都存在着一个合理的值。求出这些乘积值的那条相关定律被称为"分配律",它的内容很简单:

$$a(b + c) = ab + ac$$

这条定律无疑对于一切正数都是成立的,尽管我们很少意识到自己在使用它。(而且人们偶尔可能没有认识到分配律是正确的,下面这段经历就表明了这一点。我和我的妻子以及另一对夫妻一起去了一家提供 25% 折扣的餐厅。侍者在计算我们的折扣金额时,**不是**将我们的总账单金额乘以 1/4,而是将每对夫妻的账单金额分别乘以 1/4,然后再将其结果相加。)

用那些适用于正数的已知定律来决定负数(或其他数)的未知行为,这种想法从 1830 年起在英国和德国的数学家之中逐渐变得通行。不过就我所知,试图在分配律的帮助下解释负数乘积的首次尝试出现在斯蒂文 1585 年出版的《算术》一书中。在此书的第 166 页上,他用分配律来计算 $8 - 5$ 和 $9 - 7$ 的乘积,从而指出要得到正确答案 6,我们就必须假设 $(-5)(-7) = 35$。

只要在 $a(b + c)$ 中取 $c = 0$,分配律就解释了为什么乘以 0 的结果是 0。证明过程如下:

$$ab = a(b + 0) \qquad (因为\ b = b + 0)$$
$$= ab + a \cdot 0 \qquad (根据分配律)$$

因此 $\qquad 0 = a \cdot 0 \qquad$ (等式两边都减去 ab)

于是,如果取 $a = -1$,$b = 1$,$c = -1$,这条定律就解释了 $(-1)(-1)$ 是什么:

$$0 = (-1) \cdot 0 \qquad (因为对于任何\ a\ 都有\ a \cdot 0 = 0)$$
$$= (-1)(1 + (-1)) \qquad (因为\ 0 = 1 + (-1))$$
$$= (-1) \cdot 1 + (-1)(-1) \quad (根据分配律)$$
$$= -1 + (-1)(-1) \qquad (因为对于任何\ a\ 都有\ a \cdot 1 = a)$$

因此 $\qquad 1 = (-1)(-1) \qquad$ (等式两边都加上 1)

于是很容易得出结论：对于任何正数 a，都有 $(-a)^2 = a^2$，因此任何数——正数、负数或零——的平方都是非负数。特别是，-1 不是数轴上的任何数的平方。出于这个原因，位于数轴上的数被称为**实数**（这根数轴被称为 $\mathbb{R}$）：为了使它们与取平方后等于负数的那些显然**不真实的、不可能的**或者**虚拟的**数形成对照。

古希腊几何学中的分配律

古希腊人将乘积解释为面积这一方式也符合分配律。如果 $b+c$ 是两段长度 b 与 c 之和，那么矩形 $a(b+c)$ 就显然是矩形 ab 与矩形 ac 之和（如图 2.2）。

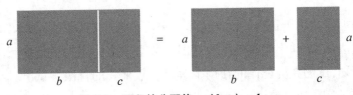

图 2.2　面积的分配律：$a(b+c)=ab+ac$

欧几里得在《几何原本》第二卷的命题 2 和命题 3 中证明了分配律的几个特例。他利用它们来证明和平方公式 $(a+b)^2 = a^2 + 2ab + b^2$ 在几何中的等价表述（如图 2.3）。

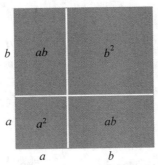

图 2.3　$(a+b)^2 = a^2 + 2ab + b^2$ 的欧几里得形式

阿尔特曼（Artmann）指出，几乎一样的图形也出现在公元前 404 年的古希腊硬币上。因此可以这样说：$(a+b)^2 = a^2 + 2ab + b^2$ 这个公式早在欧几里得之前100年就已经广为流传了！我们不难想象,古希腊人也考虑了减法的分配律,例如 $a(b-c) = ab - ac$ (如图 2.4)。

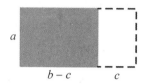

图 2.4 $a(b-c)=ab-ac$ 的几何形式

如果是这样的话,他们本可以发现 $(a-b)^2 = a^2 - 2ab + b^2$ 这个公式(如图 2.5),不过当他们令 $a=0$ 而得到 $(-b)^2 = b^2$ 时,无疑就会畏缩不前了。(初始图形是一个边长为 a 的正方形加上左下方的一个边长为 b 的正方形,因此其面积就是 $a^2 + b^2$。我们用这个图形减去两个用虚线表示的 $a \times b$ 矩形,于是就留下了那个边长为 $a-b$ 的灰色正方形。)

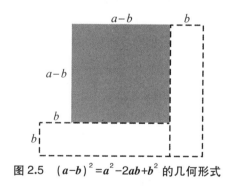

图 2.5 $(a-b)^2 = a^2 - 2ab + b^2$ 的几何形式

2.2　虚数

从我们迄今为止的经验来看,平方值为负数的那些数似乎完全是不必要的。为什么不像我们在前一节中所做的那样,直接说没有任何实数具有负的平方值,然后就到此为止呢? 如果有人要求我们解方程

$$x^2 = -1$$

那么我们完全有权力说,这个方程无解。这就类似于任意二次方程

$$ax^2 + bx + c = 0$$

它对于某些 a, b, c 的值是有解的,但是对于另一些 a, b, c 的值却无解,而且很容易判别出什么情况会有什么结果。当一个数的平方值被要求为负数时,方程就不存在实数解。

为了理解其中的原因,请回忆一下你在高中时是如何学会解这个方程的。首先将等式两边都除以 a,于是得到方程

$$x^2 + \frac{b}{a}x + \frac{c}{a} = 0$$

然后注意到, $x^2 + \frac{b}{a}x$ 加上 $\frac{b^2}{4a^2}$ 就可以**配成完全平方** $\left(x + \frac{b}{2a} \right)^2$, 这是

因为 $x + \frac{b}{2a}$ 的平方是

$$\left(x + \frac{b}{2a} \right)^2 = x^2 + 2\frac{b}{2a}x + \left(\frac{b}{2a} \right)^2 = x^2 + \frac{b}{a}x + \frac{b^2}{4a^2}$$

因此,我们将等式 $x^2 + \frac{b}{a}x + \frac{c}{a} = 0$ 的两边都加上 $\frac{b^2}{4a^2}$, 于是得到

$$x^2 + \frac{b}{a}x + \frac{b^2}{4a^2} + \frac{c}{a} = \frac{b^2}{4a^2}$$

即

$$\left(x + \frac{b}{2a} \right)^2 + \frac{c}{a} = \frac{b^2}{4a^2}$$

因此
$$\left(x + \frac{b}{2a}\right)^2 = \frac{b^2}{4a^2} - \frac{c}{a} = \frac{b^2 - 4ac}{4a^2}$$

将上式两边取平方根得

$$x + \frac{b}{2a} = \pm \frac{\sqrt{b^2 - 4ac}}{2a}$$

最后，将上式两边都减去 $\frac{b}{2a}$，我们就得到了熟悉的**二次方程解的公式**：

$$x = \frac{-b \pm \sqrt{b^2 - 4ac}}{2a}$$

这个求解 x 的公式中包括 $b^2 - 4ac$ 的平方根。$b^2 - 4ac$ 可能会是负的。然而，恰好当平方式

$$\left(x + \frac{b}{2a}\right)^2 = \frac{b^2 - 4ac}{4a^2}$$

为负值时，$b^2 - 4ac$ 就是负的。因此，在这种更为一般的情况下，我们也有权力说该方程无解。

$b^2 - 4ac$ 被称为二次方程的"判别式"，这是因为它能判别出哪些方程有实数解，哪些方程没有实数解。当 $b^2 - 4ac$ 取负值时，我们就不必去理会这个二次方程解的公式了，因为此时方程无解。将 $b^2 - 4ac < 0$ 时的那些解称为"虚数解"只不过是用一种高雅的方式来说"无解"……究竟是不是这样呢？

出于历史上的一种奇异的机缘巧合，数学家首先在解**三次**方程的公式中发现了一些"虚数解"，且不能对它们弃之不理。这些公式是意大利数学家费罗（Scipione del Ferro）和塔尔塔利亚（Tartaglia）在 16 世纪初通过巨大的努力而发现的。它们出现在卡尔达诺（Cardano）的《大术》（*Ars Magna*，1545）一书中，而且他完全意识到了它们的革命性。他写道：

　　在我们这个时代，博洛尼亚的费罗已解决了一个三次幂加一个

一次幂等于一个常数的情况①,这是一项非常优雅的、令人钦佩的成就。这一技巧超越了人力所能及的精妙和凡人天赋所能达到的简洁明晰,是一件实属天赐的礼物,也是对人类思维能力的一次非常明晰的测试。任何曾专心研读过它的人都会认为,再也没有什么是他无法理解的了。

---

① 这里指的是 $rx^3+px=q$ 型的三次方程,即所谓的三次简化方程。由此可解出一般的三次方程 $ax^3+bx^2+cx+d=0$。参见冯承天著,《从求解多项式方程到阿贝尔不可能性定理——细说五次方程无求根公式》,华东师范大学出版社,2014。——译注

2.3 求解三次方程

要理解卡尔达诺为何会对能解答三次方程如此激动,你可以自己尝试解一下三次方程。比如说解方程 $x^3 + 6x - 4 = 0$。我想你很快就会同意,当你只知道二次方程的解法时,是很难看出该从何处下手的。不过,有一个简单的窍门可用来解 $x^3 + 6x - 4 = 0$:**只需**解一个二次方程,然后对其各解求立方根即可。以下就是具体做法。

诀窍在于令 $x = u + v$。我们现在必须解出两个未知量 u 和 v,而不是一个 x,不过我们也得到了一个额外的自由度可供使用。

我们将该方程改写成 $x^3 = -6x + 4$,并首先考虑等号左边的 x^3。由于 $x = u + v$,我们用 $(u + v)(u + v)(u + v)$ 这一相乘形式来表示 x^3,从而将等式左边展开成(多次应用分配律):

$$x^3 = u^3 + 3u^2v + 3uv^2 + v^3 = 3uv(u + v) + u^3 + v^3$$

左边的 x^3 等于右边的 $-6x + 4$,也就是 $-6(u + v) + 4$。现在,有一种使

$$3uv(u + v) + u^3 + v^3 = -6(u + v) + 4$$

成立的做法是求出 u 和 v,以满足

$$\begin{cases} 3uv = -6 \\ u^3 + v^3 = 4 \end{cases} \tag{2.1}$$

由于我们可以随心所欲地选择 u,因此这是有可能做到的。

由方程组(2.1)的第一个方程,我们得到 $v = -2/u$,然后将此式代入方程组(2.1)的第二个方程中,结果得到

$$u^3 - \frac{2^3}{u^3} = 4 \quad 即 \quad u^3 - \frac{8}{u^3} = 4$$

将上式两边都乘以 u^3,我们得到

$$(u^3)^2 - 8 = 4u^3 \quad 或 \quad (u^3)^2 - 4u^3 - 8 = 0$$

这是一个关于 u^3 的二次方程。我们根据二次方程解的公式解出 u^3:

$$u^3 = \frac{4 \pm \sqrt{4^2 + 4 \times 8}}{2}$$

$$= \frac{4 \pm \sqrt{48}}{2}$$

$$= \frac{4 \pm 4\sqrt{3}}{2}$$

$$= 2 \pm 2\sqrt{3}$$

现在回头去看式(2.1)的两个方程,我们发现 u 和 v 是可以互换的,因此 v^3 应与 u^3 满足同样的二次方程。由于 $u^3 + v^3 = 4$,因此我们可以选择 $2 + 2\sqrt{3}$ 或 $2 - 2\sqrt{3}$ 中的任一个作为 u^3 的值,然后将另一个作为 v^3 的值。因此,我们取 $\sqrt[3]{2 + 2\sqrt{3}}$ 和 $\sqrt[3]{2 - 2\sqrt{3}}$ 中的任一个作为 u 的值,另一个作为 v 的值,于是

$$x = u + v = \sqrt[3]{2 + 2\sqrt{3}} + \sqrt[3]{2 - 2\sqrt{3}}$$

这个令 $x = u + v$ 的绝妙诀窍对于任何具有 $x^3 = px + q$ 形式的方程都有效,由它可以导出所谓的"卡尔达诺公式"

$$x = \sqrt[3]{\frac{q}{2} + \sqrt{\left(\frac{q}{2}\right)^2 - \left(\frac{p}{3}\right)^3}} + \sqrt[3]{\frac{q}{2} - \sqrt{\left(\frac{q}{2}\right)^2 - \left(\frac{p}{3}\right)^3}}$$

不过,这恒能给出方程的解吗?会不会像二次方程一样,当出现负数的平方根时,由这个公式会得出无解?这个公式所面临的严峻考验可以由以下方程给出,原因将会在下一节中解释。

$$x^3 = 15x + 4$$

对于这个方程,$p/3 = 5$ 而 $q/2 = 2$,因此卡尔达诺公式给出

$$x = \sqrt[3]{2 + \sqrt{2^2 - 5^3}} + \sqrt[3]{2 - \sqrt{2^2 - 5^3}}$$

$$= \sqrt[3]{2 + \sqrt{-121}} + \sqrt[3]{2 - \sqrt{-121}}$$

$$= \sqrt[3]{2 + 11\sqrt{-1}} + \sqrt[3]{2 - 11\sqrt{-1}}$$

由于 $\sqrt{-1}$ 的出现,这无疑看起来像是"虚数解"。不过它不应该是,**因为方程 $x^3 = 15x + 4$ 明显有一个解!** 这个解就是 $x = 4$,因为 $4^3 = 64 = 15 \times 4 + 4$。

$$\sqrt[3]{2 + 11\sqrt{-1}} + \sqrt[3]{2 - 11\sqrt{-1}} = 4$$ 真的成立吗?

2.4　通过虚数得到实数解

$x^3 = 15x + 4$ 的两个表面上完全相异的解——$x = 4$ 和 $x = \sqrt[3]{2 + 11\sqrt{-1}} + \sqrt[3]{2 - 11\sqrt{-1}}$——是意大利数学家邦贝利（Rafael Bombelli）在 1572 年首先注意到的。他在《代数》（*Algebra*）一书中写到了这一点，并引起了大家对它们的关注，他还聪明地通过以下证明使它们一致起来：

$$2 + 11\sqrt{-1} = (2 + \sqrt{-1})^3 \quad \text{因此} \quad \sqrt[3]{2 + 11\sqrt{-1}} = 2 + \sqrt{-1}$$

$$2 - 11\sqrt{-1} = (2 - \sqrt{-1})^3 \quad \text{因此} \quad \sqrt[3]{2 - 11\sqrt{-1}} = 2 - \sqrt{-1}$$

于是

$$\sqrt[3]{2 + 11\sqrt{-1}} + \sqrt[3]{2 - 11\sqrt{-1}} = 2 + \sqrt{-1} + 2 - \sqrt{-1} = 4$$

猜测 $\sqrt[3]{2 + 11\sqrt{-1}} = 2 + \sqrt{-1}$，$\sqrt[3]{2 - 11\sqrt{-1}} = 2 - \sqrt{-1}$，从而使这个立方根之和中的 $\sqrt{-1}$ 和 $-\sqrt{-1}$ 相互抵消，这是绝妙的一步。不过邦贝利最重要的一步是**假设 $\sqrt{-1}$ 遵循一般代数规则**。特别是，他假设

$$(\sqrt{-1})^2 = -1 \quad \text{因此} \quad (\sqrt{-1})^3 = -1\sqrt{-1} = -\sqrt{-1}$$

再加上其他代数规则，例如分配律，就可以计算出

$$(2 + \sqrt{-1})^3 = 2^3 + 3 \cdot 2^2\sqrt{-1} + 3 \cdot 2(\sqrt{-1})^2 + (\sqrt{-1})^3$$

$$= 8 + 12\sqrt{-1} - 6 - \sqrt{-1}$$

$$= 2 + 11\sqrt{-1}$$

——即得到了邦贝利所宣称的结果。与此类似的计算也解释了他的另一断言

$$(2 - \sqrt{-1})^3 = 2 - 11\sqrt{-1}$$

而这正是立方根之和中发生奇迹般的相互抵消所必需的。

由此,邦贝利使 $x^3 = 15x + 4$ 的显而易见的解和公式给出的解一致起来,其方法是将来自实数的算法推广到含有 $\sqrt{-1}$ 的算法之中。这第一次暗示了"虚数"$\sqrt{-1}$ 是一个有意义且有用的概念。事实上,如果我们要解一般的三次方程,它也是一个**必需的**概念。

2.5 1572年之前虚数在哪里

许多数学家都认为他们是**发现**了数学,而不是发明了数学,正如天文学家发现恒星和行星,或者化学家发现元素一样。数学和科学之间的这种类同具有许多方面,在本书的后文中我们还会回来讨论其中的一些。此刻我想说说**未被识别出来的一些现象**。

天文学历史上最著名的事件之一是 1846 年亚当斯(Adams)和勒威耶(Leverrier)发现了海王星这颗行星。当海王星首次被识别出是一颗行星时,这个"发现"才是真实的,因为在 1846 年之前,望远镜已经扫视天空多达两个多世纪了,必定有人曾见到过海王星,只是把它当成了另一颗恒星而已。事实上,我们现在对海王星的运动已十分了解,足以计算出它在过去几个世纪中在任何时间所处的位置,并且人们也发现**伽利略在 1612 年看见过海王星,只是没有认出它是一颗行星**!他在 1612 年 12 月 28 日和 1613 年 1 月 2 日所做的笔记中记录下了一颗他认为是恒星的天体,它当时正处在海王星所占据的位置。(伽利略甚至还注意到这颗"恒星"在他的两次观测之间似乎发生过移动,却将其归因于实验误差。请参见 Kowal and Drake, Galileo's Observations of Neptune, *Nature*, 28, 311(1980)。)

现在,假如"虚"数是一个有意义的概念,而不仅仅是一种修复卡尔达诺公式的策略,那么它们所产生的效应应该在 1572 年之前就在数学中有所表现了。如果 $\sqrt{-1}$ 属于数,那么就存在着**复数** $a + b\sqrt{-1}$ 或 $a + bi$ 的一种算法,其中 a 和 b 都是实数,而 $i^2 = -1$。这种算法确实会产生一些可观察到的效应。

复数求和的过程十分简单直接:

$$(a + bi) + (c + di) = (a + c) + (b + d)i$$

这正好是将"实部" a, c 和"虚部" b, d 分别相加后所得的结果。不过,当我们构造复数的**乘积**时,实数部分和虚数部分会以一种有趣的方式发生相互作用。我们利用分配律和 $i^2 = -1$ 这一法则,得出

$$(a + bi)(c + di) = ac + bdi^2 + bci + adi$$
$$= (ac - bd) + (bc + ad)i$$

因此,实部、虚部分别为 a, b 的数与实部、虚部分别为 c, d 的数相乘,所得的积是实部、虚部分别为 $ac - bd$, $bc + ad$ 的数。

实数对之间的这种相互作用早在 1572 年之前很久就已经有人观察到了! 它的第一次"现身"很可能是在丢番图公元 200 年前后撰写的著作中①。在他的《算术》一书中,他给出了下面这条含义隐晦的评论:

> 65 能够以两种方式被自然地分成两个平方数,即 $7^2 + 4^2$ 和 $8^2 + 1^2$。这是由于 65 等于 13 和 5 的乘积,而 13, 5 这两个数又都等于两个平方数之和。

看来他似乎知道两个平方数之和的乘积又是两个平方数之和,明确地表示出来就是

$$(a^2 + b^2)(c^2 + d^2) = (ac - bd)^2 + (bc + ad)^2 \tag{2.2}$$

他将 65 分成 $7^2 + 4^2$ 的形式就是由 $a = 3$, $b = 2$, $c = 2$, $d = 1$ 得到的,即

$$65 = 13 \times 5 = (3^2 + 2^2)(2^2 + 1^2)$$
$$= (3 \times 2 - 2 \times 1)^2 + (2 \times 2 + 3 \times 1)^2$$
$$= 4^2 + 7^2$$

他的第二种分法,即 $8^2 + 1^2$,则来自另一个恒等式

$$(a^2 + b^2)(c^2 + d^2) = (ac + bd)^2 + (bc - ad)^2$$

不可否认,丢番图给出的只是式(2.2)的一个例子,不过这就是他的风格。在他所采用的记号法中,没有用来表示一个以上变量的符号,

---

① 丢番图(Diophantus),古希腊数学家,代数学的创始人之一。他的《算术》(Arithmetica)一书中讨论了一次、二次和个别的三次方程,以及大量不定方程。丢番图的生卒年份不详,约 246—330 年,原文所说的公元 200 年有较大误差。——译注

因此他期望他的读者们能够从精心挑选的例子中推断出一般规则。式（2.2）这个一般公式是阿尔-哈津①在公元950年前后清晰地认识到的，而斐波那契②在1225年的《平方数之书》（*The Book of Squares*）中对此给出了证明。斐波那契的证明过程极为费力。

对于丢番图而言，式（2.2）提供了一条将平方和的乘积分成平方和的**法则**：如果有两个数可分别分成 a，b 的平方和与 c，d 的平方和，那么这两个数的乘积就可分成 $ac - bd$ 的平方与 $bc + ad$ 的平方之和。因此，丢番图的这条法则就与复数相乘的法则具有完全相同的形式。这只是一个巧合吗？不是的，因为故事还没有结束……

丢番图对平方数之和感兴趣，但是他将 $a^2 + b^2$ 看成一个直角边为 a 和 b 的直角三角形的**斜边上的正方形**。于是，他明确地将 $a^2 + b^2$ 与 a, b 构成的数对联系在一起了。式（2.2）背后的法则是取两个直角三角形，然后找到第三个三角形（我们可以把它称为"乘积"三角形），它的斜边等于前两个三角形斜边的乘积（如图2.6）。

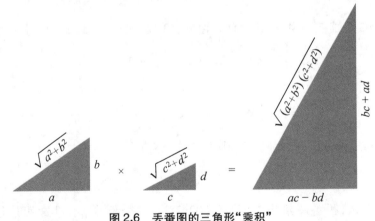

图2.6　丢番图的三角形"乘积"

---

①　阿布·贾法尔·阿尔-哈津（Abū Ja'far al-Khāzin，900—971），伊朗天文学家和数学家。——译注
②　斐波那契（Leonardo Fibonacci，1170—1250），意大利数学家，著名的斐波那契数列即以他的名字命名，他还将现代书写数和乘数的位值表示法系统引入欧洲。——译注

这张图令人惊奇地接近于我们现在公认的对复数的"正确"解释方式。$a + bi$ 这个数现在被看成是平面上距离零点或**原点** O 水平距离为 a、竖直距离为 b 的点。因此 $a + bi$ 就是左下角在 O 点处的那个三角形的右上角。斜边长度 $\sqrt{a^2 + b^2}$ 被称为 $a + bi$ 的**绝对值**,记为 $|a + bi|$,于是式 (2.2) 就表示了所谓的**绝对值的乘法性质**:

$$|a + bi||c + di| = |(a + bi)(c + di)| \qquad (2.3)$$

确切地说,式(2.2)就是我们将式(2.3)两边取平方后得到的,因为

$$|a + bi|^2 = a^2 + b^2$$
$$|c + di|^2 = c^2 + d^2$$
$$|(a + bi)(c + di)|^2 = |(ac - bd) + (bc + ad)i|^2$$
$$= (ac - bd)^2 + (bc + ad)^2$$

作为学习复数的起点,式(2.2)还有一大好处,即其中不涉及任何"虚的"东西。这个等式只不过是实数的一项性质,而且它可以通过展开等式两边来加以验证。初看起来,似乎通过 -1 的平方根来发现复数是一个侥幸之遇,然而……式(2.2)也有点像是一个巧合。谁会预先猜到两个平方数之和的乘积会等于两个平方数之和呢?这对三个平方数的情况是否也成立?四个平方数呢?五个平方数呢?请参见第 6 章对于这些问题的更多讨论。

2.6 乘法的几何学

虽然在邦贝利出版了《代数》之后的 200 多年时间里,复数零零星星地出现在数学之中,但是一直没有得到完全的接受或认可。有时候会出现这样的情况:在代数中用 $\sqrt{-1}$ 获得的一个结果,后来又会用另一种取代它的纯实数计算来加以解释。而在另一些时候,数学家偶然会遇到实数的一些没有料想到的性质,我们现在宁愿把它们作为 $\sqrt{-1}$ 产生的效应来加以解释。

法国数学家韦达(François Viète)在 1590 年前后就发现了这样的一个效应。韦达在他的《三角成因》(*Genesis triangulorum*)一书中研究了丢番图的三角形"乘积",并发现了另一个正如斜边的相乘性质一样值得注意的特征——**角的相加性质**。如果两个给定三角形的角度分别为 θ 和 φ,如图 2.7 所示,那么"乘积"三角形的角度就是 $\theta + \varphi$。

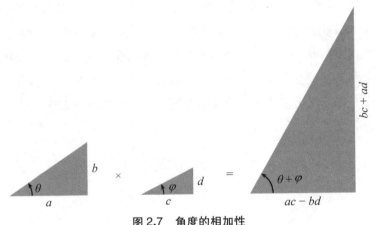

图 2.7 角度的相加性

我们将此与第 1.1 节中发现的情况作比较。在那一节中,当频率相乘时,被称为"音高"的这一能听得到的量则是相加的关系。而在这里,我们有一个被称为"角度"的能看得见的量,当三角形(或者至少是它们的斜边)相乘时,该可见量则是相加的关系。又一个将乘法感知为加法的例子!这种"乘法"与前一种相同吗?

1800 年前后,丢番图和韦达的这些结果被看成是同一简单图像:**数平面**的组成部分,在其中复数 $a + bi$ 被表示为此平面上距离原点 O 水平距离为 a、竖直距离为 b 的点 (a, b)(如图 2.8,其中的两个箭头分别表示水平正方向和竖直正方向)。

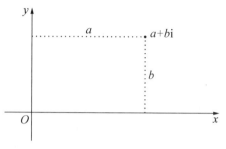

图 2.8　将复数表示为平面上的点

这张图隐藏在 18 世纪复数的好几项应用的背景之中。挪威测量员韦塞尔(Caspar Wessel)在 1797 年让它走到了前台。虽然韦塞尔的论文被忽视了近百年,但是其他人也提出了同样的概念。1832 年,当伟大的德国数学家高斯[①]用复数的几何学来研究平方和时,它成为了主流。我们会在第 7 章中重新捡起这条线索。而我们现在的目标是,解释如何能将复数的乘法理解为角度的相加。

数平面的最重要特征是**长度或距离都表示复数的绝对值**。毕达哥拉斯定理告诉我们,点 O 到 $a + bi$ 之间的距离等于 $\sqrt{a^2 + b^2} = |a + bi|$。由此很容易推断出任何两个复数之间的距离都等于它们之差的绝对值。

现在假设 u 是某个复数,并且假设我们将平面内的所有数都乘以 u。这就使 v 和 w 这两个数变成了 uv 和 uw,uv 和 uw 之间的距离是 $|uw - uv|$,且

[①] 卡尔・弗里德里希・高斯(Carl Friedrich Gauss,1777—1855),德国数学家、物理学家和天文学家,近代数学奠基者之一,被誉为历史上最伟大的数学家之一。——译注

$$| uw - uv | = | u(w - v) | \qquad （根据分配律）$$
$$= | u | | w - v | \qquad （根据绝对值的乘法性质）$$
$$= | u | \times （v 和 w 之间的距离）$$

于是这个平面上的所有距离就都乘以 | u | 了。因此,将数平面乘以一个常数 u 就导致了**放大 | u | 倍**——正如在数轴上一样。

不过,乘以 u 还会导致平面的**旋转**,当放大因子 | u | 为 1 时,这一点表现得最明显。在这种情况下,乘以 u 之后所有距离都不变,因此这个平面发生的是刚性运动。而且,O 点也保持不动,这是因为 0 × u = 0。假如 u ≠ 1,那么 O 就是**唯一的**不动点。这是因为在这种情况下,若 v ≠ 0,则 uv ≠ v。因此,**乘以一个绝对值为 1 的复数 u 就是关于 O 点的一个旋转**。

这一旋转必定会将表示 1 的点遣往 u × 1 = u,因此就必定会旋转一个从 O 点指向 u 的方向与实轴之间的夹角 θ（如图 2.9）。

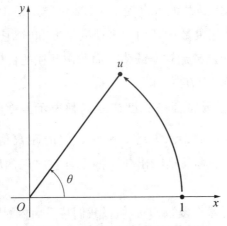

图 2.9　旋转的角度就是乘数的角度

现在假设 u 和 v 是两个绝对值为 1 的复数,它们的角度分别是 θ 和 φ。如果我们要乘以 uv 的话,可以先乘以 u,从而使平面旋转角度 θ,然后再乘以 v,从而使平面再旋转角度 φ。因此,**乘积 uv 的角度就是 θ+ φ——即 u 和 v 的角度之和**。这解释了韦达关于角度相加的发现,也展示了我们所讨论的"相乘"确实是数的乘法。

概括地说：**复数系是对于实数系的扩展，而其中的乘法正如加法一样，不仅是"可听得到的"，而且是"可看得见的"。**如果我们将一个复数 u 分解为实数 $|u|$ 和复数 $u/|u|$，那么乘以 u 就是乘以 $|u|$ 和乘以 $u/|u|$ 的组合。

- 乘以 $|u|$ 是"可听得到的"部分，这是因为频率乘以一个实常数可以感知为音高的相加。
- 乘以 $u/|u|$ 是"可看得见的"部分，这是因为 $u/|u|$ 的绝对值为 1，因此乘以它就导致了数平面的旋转。

旋转以及 1 的 n 次复根

乘以 i 这个数相当于将复平面旋转一个直角，或者说旋转四分之一圈，从图 2.10 中可以清晰地看到这一点。这确证了 $i^2 = -1$，因为两次旋转四分之一圈就转过了半圈，而这就相当于乘以 -1。因此乘以 $\sqrt{-1}$ 就是"转半圈的算术平方根"，也就是转过一个直角。

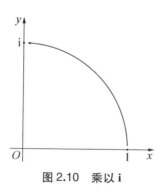

图 2.10　乘以 i

我们还可以将乘以 $\sqrt{-1}$ 称为"转一整圈的 4 次根"，因为 $(\sqrt{-1})^4 = 1$。事实上，对于 $n = 2, 3, 4\cdots\cdots$，都存在着一个复数（通常用 ζ_n 来表示），从而乘以 ζ_n 就相当于将平面旋转 $1/n$ 整圈。ζ_n 其实就是将表示 1 的点旋转 $1/n$ 整圈所得的结果，它被称为 1 的 n **根**，这是因为 $\zeta_n^n = 1$。很容易看出，它的所有次幂 ζ_n^2，$\zeta_n^3\cdots\cdots$ 也都是 1 的根。

关于 1 的根,有一个值得注意的事实:只有 1 的平方根 ±1 和 1 的四次复根 ±i 是"有理"复数,也就是具有 $\dfrac{a}{c} + \dfrac{b}{c}$i 形式的数,其中的 a, b, c 为正整数。我们会在第 7.6 节里通过对复数的更深入研究来证明这一点。由此得出的结论是:一个"有理"直角三角形——其各边长为正整数 a, b, c,且满足 $a^2 + b^2 = c^2$——并没有一个"有理"的角(即旋转一整圈的 m/n,其中的 m, n 是正整数)。这解释了图 1.5 中所示的角的序列("普林顿 322 号"泥板上的那些根据毕达哥拉斯三元数组推导出来的角)的一些情况。这个序列必定是不规则的,因为一个直角不能用一些具有正整数边长的直角三角形分成几个相等的部分。

它还在音阶和角度比例之间建立了一种很好的类比关系,从而展示了有理/无理的区别不仅对于实数有趣,对于复数也同样有趣。

- 获得相等音高的方法是将频率乘以一个比例常数。自然音程(八度)不可能用有理数频率比来分成几个相等的部分。
- 同样,获得相等角度的方法是乘以一个绝对值为 1 的复常数。自然角度(直角)不可能用有理直角三角形的斜边来分成几个相等的部分。

2.7 复数提供的超过了我们所要求的

有人写过，在实数领域中的两个真相之间，最短且最好的路径常常要穿过虚数领域。

——阿达马①《论数学领域中的发明心理学》
(*An Essay on the Psychology of Invention in the Mathematical Field*)

在接受了用 $\sqrt{-1}$ 这个数来解三次方程 $x^3 = 15x + 4$ 之后，数学家就不得不回过来再考虑像 $x^2 = -1$ 这样的二次方程了。在复数的范围中，像 $x = \pm i$ 这样的"虚数"解是真实存在的，因此一般二次方程 $ax^2 + bx + c = 0$ 的解

$$x = \frac{-b \pm \sqrt{b^2 - 4ac}}{2a}$$

也是真实存在的。

正如我们在第 2.3 节中已经见到的，任何形式为 $x^3 = px + q$ 的三次方程都能通过解一个二次方程并取三次根来求解。任意三次方程 $ax^3 + bx^2 + cx + d = 0$ 很容易简化为 $x^3 = px + q$ 的形式，因此，事实上所有三次方程都可以通过将它们简化为二次方程来求解。卡尔达诺在 1545 年出版的《大术》一书中有解答所有类型的三次方程的方法——还不止这些。书中还包括了**四次**方程（x 的最高次数为 4，即 x^4 的方程）的解答，这是卡尔达诺的学生费拉里（Lodovico Ferrari）发现的。一般四次方程可以通过三次方程和二次方程来求解，因此也会含有一些复数形式的解答。

于是，$x^2 = -1$ 这个特殊方程的解 $x = i$ 带出了**所有**四次和四次以下方程的解。紧接着这一连串不间断的代数上的成功，一个更有雄心壮志的问题开始成形了：是否每个 n 次方程都有 n 个复数形式的解？法国数学

---

① 雅克·阿达马（Jacques Hadamard，1865—1963），法国数学家，他证明了描述素数大致分布情况的素数定理。——译注

家吉拉德(Albert Girard)首先提出了这种可能性。他在 1629 年出版的《代数新发明》(*Invention Nouvelle en l'Algèbre*)一书中写道：

> 每个代数方程的解的个数都等于它的最高次项的指数。

吉拉德的推测现在被称为"代数基本定理"。他的同胞笛卡儿[①]在其 1637 年出版的《几何学》(*Geometry*)一书中对此作出了呼应。笛卡儿对此给予支持的结论现在被称为"因子定理"：如果 $x = x_1$ 是方程 $p(x) = 0$ 的解，那么 $(x - x_1)$ 就是 $p(x)$ 的一个因子，即

$$p(x) = (x - x_1)q(x)$$

其中 $q(x)$ 的次数(即 $q(x)$ 中的 x 的最高次数)必定比 $p(x)$ 的次数低一。如果 $q(x) = 0$ 有一个解是 $x = x_2$，那么也可以类似地推断出

$$q(x) = (x - x_2)r(x)，\text{于是得到 } p(x) = (x - x_1)(x - x_2)r(x)$$

其中 $r(x)$ 的次数又比 $q(x)$ 的次数低一，以此类推。因此，假如每个方程都有一个解，那么 n 次方程 $p(x) = 0$ 确实就有 n 个解：$x = x_1$，$x = x_2$，$\cdots$，$x = x_n$。

因子定理很容易证明，因此证明代数基本定理的困难部分就在于要证明：对于每一个方程 $p(x) = 0$，都存在着**一个**解。二次方程、三次方程和四次方程在某种程度上都带有误导性，这是因为再上升一级就会出现一个难以逾越的障碍。当 $p(x)$ 的次数为 5 时，方程 $p(x) = 0$ 一般而言就**不能**简化为次数较低的方程了。这个障碍使得代数基本定理的证明被延迟了很长时间，同时人们徒劳地通过次数较低的方程去解五次方程。

最后，高斯在 1799 年尝试了一种新的方法：他首先仅证明这些解的**存在**，而不是试图通过平方根、立方根等将它们构造出来。高斯的第一次尝试有一个很大的漏洞，但总体思路是正确的，而他后来又提出了一些令

① 勒内·笛卡儿(René Descartes, 1596—1650)，法国哲学家、数学家、物理学家。他将几何坐标体系公式化，也是二元论的代表人物、西方现代哲学的奠基人之一。——译注

人满意的证明。其中大多数证明方法都以一种本质的方式利用了复数的几何学[1]，不过其中也有一种证明（1816 年高斯给出的第二个证明）将复数的作用降到了最低程度，即只用它们来解一些二次方程。他证明，解一个任意次数的方程的过程都可以简化为

- 解几个二次方程；
- 解一个**奇数**次数的任意方程，即 x 的最高次数为奇数的方程。

一个奇数次数的方程，比如说

$$x^{2m+1} + \text{含 } x \text{ 的较低次数的各项} = 0$$

总是有一个解。这是因为等式左边的值连续地从大的负值（对于大的负 x）变化到大的正值（对于大的正 x），因此对于某个 x，等式左边的值就会等于 0。这也许是解释以下事实的最佳途径：为什么解 $x^2 = -1$ 这个方程为解答任何次数的方程铺平了道路。

不过，这几乎还没开始讲述 $\sqrt{-1}$ 能够做些什么。到现在为止，我们考虑的只是 $\sqrt{-1}$ 在**多项式**函数

$$p(x) = a_n x^n + a_{n-1} x^{n-1} + \cdots + a_1 x + a_0, \text{其中 } a_n, a_{n-1}, \cdots, a_1, a_0 \text{ 都是数}$$

中所起的作用。当我们将复数输入其他函数，如 $\cos x$、$\sin x$ 和 e^x 时，会导致更多的惊奇。我们是在几何学中遇到余弦函数和正弦函数的，此时 $\cos\theta$ 和 $\sin\theta$ 分别表示一个对角线长度为 1、角度为 θ 的直角三角形的底和高（如图 2.11）。

这就意味着 $\cos\theta + i\sin\theta$ 是一个绝对值为 1 的复数。因此，根据前一节中发现的乘法的几何性质，乘以 $\cos\theta + i\sin\theta$ 就相当于将数平面旋转了角度 θ。

指数函数 e^x 比较难解释：e 是一个特定的数，约等于 2.718。随着实数 x 填满 1，2，3……之间的间隙，e^x 也填满了 e，e^2，e^3……之间的间

---

① 参见冯承天著，《从代数基本定理到超越数——一段经典数学的奇幻之旅》，华东师范大学出版社，2017。——译注

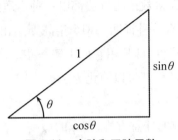

图 2.11 余弦和正弦函数

隙。当 x 为实数时，e^x 与 $\cos\theta$ 及 $\sin\theta$ 之间似乎并不存在任何关联。然而在复数的世界中，它们有一种奇妙的联系，这是瑞士数学家欧拉[①]在 1748 年发现的：

$$e^{ix} = \cos x + i\sin x \qquad (2.4)$$

这一不可思议的结果可以在欧拉的《无穷分析引论》(*Introduction to the Analysis of the Infinite*)一书中找到。假如你知道函数 e^x 会把和转化为积：

$$e^{u+v} = e^u e^v$$

那么式(2.4)这个结果就变得可信了，这是因为函数 $\cos x + i\sin x$ 也有同样的性质：

$$\cos(u+v) + i\sin(u+v) = (\cos u + i\sin u)(\cos v + i\sin v)$$

$$(2.5)$$

其中的原因是，式(2.5)的左边将平面旋转了 $u+v$，而它的右边则先将平面旋转了 u，然后再旋转了 v。

　　由复数所揭示出来的 $\cos x$、$\sin x$ 和 e^x 之间的联系有着无数的应用，从工程学到物理学，再到将 $x = \pi$ 代入式(2.4)以后得到的那个让人不可思议的等式：

$$e^{i\pi} = -1$$

---

① 莱昂哈德·欧拉(Leonhard Euler，1707—1783)，瑞士数学家和物理学家，近代数学先驱之一，对微积分和图论等多个领域都做出过重大贡献。——译注

可惜我们没有足够的篇幅来解释这个等式,不过你可以通过两本极好的书来了解更多:纳欣(Paul Nahin)的《虚数的故事》(*An Imaginary Tale*)①和尼达姆(Tristan Needham)的《可视化复分析》(*Visual Complex Analysis*)②。

---

① 此书中译本由上海教育出版社出版,朱惠霖译,2008 年。——译注
② 此书中译本由人民邮电出版社出版,齐民友译,2009 年,书名译为《复分析——可视化方法》。——译注

2.8 为什么将它们称为"复数"

"复数"（complex）①这个词是出于一种善意的尝试而引入的，目的是为了驱散围绕着"虚数"或"不可能的数"的那种神秘感，而且（想必）也是由于二维比一维更复杂的缘故。如今，"复数"这个词看起来不再像是那么好的一个选择了，它经常被解释为"复杂的"，因此几乎与它的前任们一样容易引起偏见。为什么要毫无必要地吓人呢？假如你不能确定什么是"分析"，那么你也不会想去了解"复分析"——然而它却是分析中最好的部分！

事实上，复数并不比实数复杂多少，并且许多建立在复数基础上的**结构**实际上要比建立在实数基础上的对应结构表现得更为简单。

多项式就是其中一例。我们刚刚看到，一个 n 次多项式总是能分解为 n 个复因子 $x - x_1, x - x_2, \cdots, x - x_n$，它们对应着方程 $p(x) = 0$ 的 n 个解 $x = x_1, x_2, \cdots, x_n$。（事实上，我们说有 n 个解是**因为**有 n 个因子，$x_1, x_2, \cdots, x_n$ 之中如果有一些重根也没有关系。）将一个多项式分解为几个实因子则是一件完全不同的事情了。即使在次数为 2 时，我们有时会有两个因子，比如说 $x^2 + 2x + 1 = (x + 1)(x + 1)$；而有时却只有一个因子，比如说 $x^2 + 1$ 就不能更进一步分解了。

建立在因子分解基础上的第二个例子是计算曲线的交点。我们将一**条代数曲线**定义为这样一条曲线，在其上的各点 (x, y) 是满足二元多项式方程 $p(x, y) = 0$ 的数对。首先，我们将 x 解释为到原点的水平距离，将 y 解释为到原点的竖直距离。例如，方程 $x^2 + y^2 = 1$ 或 $x^2 + y^2 - 1 = 0$ 定义为平面上到原点距离为 1 的点。这些点构成了一个以 O 为圆心、以 1 为半径的圆。因此这个圆就是一条代数曲线，并且我们说它是**二次曲线**，因为它的方程中的最高幂次为 2。与此类似，

$$x = y \quad 或 \quad x - y = 0$$

---

① Complex 这个单词在英语中的意思除了复杂的，还可表示复合的、组合的、由部件构成的等。——译注

定义为一条一次代数曲线,并且它显然是一条通过 O 点的直线。这条直线与上述圆相交于两点,因此在这种情况下交点数恰好等于它们的最高次数的乘积。

根据几个这样的例子,牛顿①在 1665 年提出了以下大胆推测(他用术语"维度"(dimension)来表示最高次数(degree),用"线"(line)来表示曲线(curve),用"矩形"(rectangle)来表示乘积(procuct)):

> 两条线可能相交的点的个数绝不可能大于它们的维度数的矩形。并且它们总是相交于这么多点,除了要去掉那些虚数的点。

牛顿这一断言的现代说法被称为贝祖定理,说的是一条 m 次曲线与另一条 n 次曲线相交于 mn 个点。正确计算点数需要涉及好几个条件,不过其中最重要的一条是**必须允许出现复数点**。在合理的条件下,找到一条 m 次曲线与另一条 n 次曲线之间的交点这个问题可以归结为解一个 mn 次方程。而正如我们所知道的,要得到 mn 个解,就必须允许出现复数解。因此我们就不得不承认这些"曲线"包含着复数点,也就是复数 x 和 y 构成的数对 (x,y)。不过为了得到贝祖定理,这样做还是值得的。

相比之下,实代数曲线的表现就复杂得可怕了,它们的最高次数与交点个数之间几乎不存在任何联系。例如,一个圆(二次曲线)可能与一条直线(一次曲线)相交于两个实数点,或一个实数点,也可能没有交点。贝祖定理真正说明了复曲线是"简单的",而实曲线倒是"复杂的"。

同样,复变函数实际上要比实变函数的表现更好。复分析这一学科以其规则和有序而著称,而实分析却以其狂野和怪异而著称。一个光滑的复变函数是**可以预知的**,这指的是在一个任意小区域中的函数值就确定了其各处的值。一个光滑的实函数可能会完全不可预知:例如,它可能会在一段很长的间距中一直为 0,然后光滑地变化到 1。

"复数"这个术语最糟糕的方面——依我看来是注定会导致其最终灭绝的方面——在于它也被用于那些被称为"单"(simple)的结构。数学

---

① 艾萨克·牛顿(Isaac Newton,1643—1727),英国物理学家、数学家、天文学家、自然哲学家,在以上各方面都作出了重大贡献。——译注

中用"单"这个词来作为一个专业术语,表示那些无法"简化"的物体。素数就是这类可以被称为"单"的事物(尽管通常并不这样表示它们),因为它们不能被分解成几个更小正整数的乘积。无论如何,有些"单"的结构是建立在复数的基础之上的,因此数学家就不得不说起像"复单李群"这样的数学对象。在一个以一致性自居的学科中,这真是一件令人尴尬的事情,要么"单"要么"复",两者无疑要去除其一。

另外,还有可能存在着一些比复数"更复杂"的数。我们要把它们称为什么呢?超复数?猜得没错。确实存在着这样的东西,我们会在第6章中遇到它们(以及它们的一个更好的名字)。

第 3 章　地平线

概况预习

在 15 世纪,艺术家们发现了**透视**,这使三维场景的绘画发生了彻底

图 3.1　发现透视前的绘画

图 3.2　发现透视后：丢勒①的《圣杰罗姆在书房》（*Saint Jerome in His Study*）

变革（请比较图 3.1 与图 3.2）。这一发现也变革了几何学，带来了一种新的**视觉几何学**，这与原来的测量几何学是完全不同的。

---

① 阿尔布雷希特·丢勒（Albrecht Dürer, 1471—1528），文艺复兴时期德国油画家、版画家、雕塑家及艺术理论家。——译注

不过,理解视觉几何学比看起来要困难,因为眼睛会"看见"一些其实不存在的点。数学家在选定"无穷远点"这一术语之前,将它们称为"理想点"或"虚点"。

所有无穷远点构成一条直线,即"地平线",在那里会发生一些不可能的事情,比如说平行线的相交。几何学是如何融合了这一矛盾,并因此变得更壮大更精彩的? 这正是本章的主题。

3.1 平行线

　　据我所知,马尔克斯①第一次翻开卡夫卡的《变形记》②时,他还是一个十几岁的少年,斜倚在躺椅上。当马尔克斯读到:

　　"一天早晨,当格里高尔·萨姆沙从不安的睡梦中醒来时,他发现自己已在床上变成了一只巨大的虫子……"

　　他从躺椅上摔了下来,对于这样一个发现震惊不已:原来竟然还**允许**这样写作!

　　……这样的事情经常发生在我身上,而且类似的事情无疑也发生在所有数学家身上:当我听到某人提出新的想法或新的解释时,我会像马尔克斯一样从我的躺椅上摔下来(比喻说法),惊愕不已地想:"我以前竟然没有意识到原来还**允许**这样做!"

　　　　　　　　——马祖尔(Barry Mazur),《想象数》(*Imagining Numbers*)

　　几何学中的关键概念之一是**平行线**,可以简单地将它们描述为平面中不相交的直线。本章的目的是要解释平行线为什么重要,并说明**它们在被允许相交时甚至更加重要**! 这个悖论——当直线不相交时允许它们相交——会在第 3.3 节中加以解释。在本节中,我们会先来做一点铺垫,回顾平行线的基本性质以及由它们所产生的一些结果。

　　首先,平行线存在,并且它们是独一无二的。这条性质的精确陈述如下:

　　平行公理: 如果 $\mathscr{L}$ 是任意直线,而 P 是直线外一点,那么通过点 P 恰有一条直线与 $\mathscr{L}$ 不相交。

---

① 加夫列尔·加西亚·马尔克斯(Gabriel García Márquez, 1927—2014),哥伦比亚文学家、记者和社会活动家,拉丁美洲魔幻现实主义文学的代表人物,20 世纪最有影响力的作家之一,1982 年诺贝尔文学奖得主,代表作有《百年孤独》《霍乱时期的爱情》等。——译注

② 弗兰兹·卡夫卡(Franz Kafka, 1883—1924),生活于奥匈帝国统治下的捷克的小说家,《变形记》(*The Metamorphosis*)是他发表于 1915 年的中篇小说,也是他的代表作。——译注

这条独一无二的直线就称为直线 $\mathscr{L}$ 的通过点 P 的**平行线**（见图 3.3）。

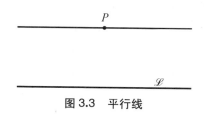

图 3.3 平行线

虽然我们将平行线的存在性和唯一性称为一条"公理"，但这并不意味着对于它的真实性有着任何的质疑。相反，我们是在强调它作为一个**起点**的作用，由它而产生其他的真理。欧几里得最先认识到平行线在几何学中的作用，他在其《几何原本》一书中表明，有许多几何学定理都是由平行线的存在性和唯一性推导出来的。

欧几里得并没有像我们这样来陈述平行公理，事实上他的陈述方式要累赘得多。古希腊人并不接受无限长直线，只承认可以将一根有限长的直线无限延伸的可能性。因此欧几里得不得不用另一种形式来陈述这一平行公理，即有限长线段若足够延伸的话，它们**确实**会相交。他的陈述等价于上面的平行公理，但是他的表述是这样的：

欧几里得的平行公理：如果一条直线 $\mathscr{N}$ 与直线 $\mathscr{L}$、$\mathscr{M}$ 相交所得的同旁内角 α 和 β 之和 $\alpha + \beta$ 小于两个直角之和，那么 $\mathscr{L}$ 和 $\mathscr{M}$ 在延伸到足够远的情况下就会在这一旁相交（见图 3.4）。

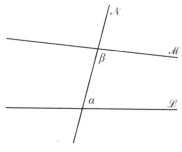

图 3.4 不平行的直线

请注意,欧几里得为了用他的形式来陈述这条公理,需要添一条辅助线,还有看起来似乎毫不相关的角。当我们假设直线为无限长时,平行公理就能被如此大大简化,这一点是引人注目的。尽管如此,欧几里得的平行公理也有其可取之处。它说明平行线支配着角的表现,因此想必也就支配着长度和面积的表现。事实确实如此。在《几何原本》中能找到许多平行公理所带来的结果,以下只罗列其中的几条:

- 矩形存在;
- 毕达哥拉斯定理;
- 任意三角形的内角和等于两个直角之和。

3.2　坐标

在欧几里得时代之后,几何学中的第一个重大进展是引入了**坐标**:用数来标记点。虽然我们在第 2 章讨论复数时曾简略地提到过这一概念,但是为了更加清晰地理解它们与几何学之间的相互影响,我们现在要从头开始研究坐标。坐标是平行公理的一个自然的结果,因此古希腊人就能够想到它们了,但因为他们当时还没有代数,所以还不能有效地使用它们。正如我们已经看到的,代数一直到 16 世纪才发展成熟,而首先将它应用于几何学的是法国数学家费马[①]和笛卡儿,时间是在 1630 年前后。

点 P 在平面上的**坐标** (x, y) 正好就是它到一个固定参考点的水平和竖直距离,这个参考点被称为坐标**原点** O。图 3.5 中显示了几个点和它们的坐标。

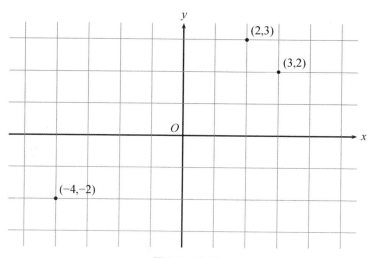

图 3.5　坐标

图中显示的还有:x 轴,即通过点 O 的水平直线,它是由 x 取所有数值的点 $(x, 0)$ 构成的;y 轴,它是由所有具有 $(0, y)$ 形式的点构成的;

---

① 皮埃尔·德·费马(Pierre de Fermat,1601—1665),法国律师和业余数学家,对数论和现代微积分的建立都作出了贡献。——译注

网格,它是由分别通过 y 轴和 x 轴上的整数值的水平和竖直线构成的。这些网格就好像某些城市中的道路网格,例如曼哈顿的大街和大道,它让我们能够将某些点命名为"街角",例如图中所示的点 $(2,3)$,$(3,2)$ 和 $(-4,-2)$。

这些"街角"是平面上的**整数点**,而**任何点** P 都有一对实数坐标 (x,y),因为点 P 到点 O 恰好水平距离为 x、竖直距离为 y。既然实数表示了直线上的所有点,那么实数对就表示了平面上的所有点。负数被用来表示点 O 左侧或下方的点。

由 x 和 y 的意义明显可以看出,点 $(2,3)$ 与点 $(3,2)$ 是不同的。(第二大街和第三大道的街角就不同于第三大街和第二大道的街角。)因此必须顾及 x 和 y 的次序,为了强调这一点,我们将 (x,y) 称为一个"有序数对"。

坐标和平行公理

当我们说 $P(a,b)$,或者说点 P 位于到点 O 水平距离为 a、竖直距离为 b 处时,我们隐含地假设了从点 O 通向点 P 有两条路径:

- 水平前进距离 a,然后竖直前进距离 b;
- 竖直前进距离 b,然后水平前进距离 a。

这就相当于假设存在着一个具有任意宽度 a 和任意高度 b 的矩形(如图 3.6),因此正如前一节中提到过的,矩形的存在要归因于平行公理。

平行公理的另一个推论是"斜率"的存在。要测量一条直线的坡度或**斜率**,其方法与测量一条道路的坡度相同,即"上升高度除以前进路程"。从点 P 到点 Q 的**上升高度**就是从点 P 到点 Q 的竖直距离,而**前进路程**就是点 P 到点 Q 的水平距离(见图 3.7)。例如,当一条道路每上升高度 1 对应的前进路程是 10 时,我们就说它的坡度是"1 比 10"。从数学上来讲,它的斜率是"1 除以 10",也就是 1/10。

我们将 $$\frac{\text{从点 } P \text{ 到点 } Q \text{ 的上升高度}}{\text{从点 } P \text{ 到点 } Q \text{ 的前进路程}}$$ 称为这条**直线**的斜率,而不仅是从点 P 到点 Q 的斜率,这就假设了这个商对于这条直线上的任意两点 P

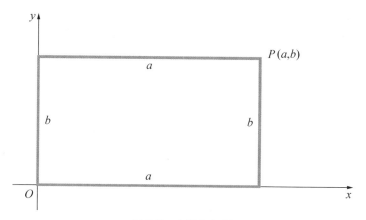

图 3.6　坐标和矩形

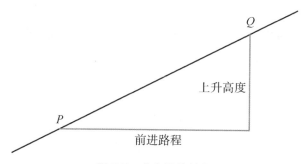

图 3.7　求直线的斜率

和 Q 都具有相同的值。换言之，**一条直线具有恒定的斜率**。这一假设与欧几里得的平行公理等价，因此将它作为直线的一个基本性质也是正当的。

直线的恒定斜率使我们能够将代数运用进来了，因为这样就可以将每条直线用一个方程来描述。以下说明怎么做。

首先假设我们有一条斜率为 m 的直线，它与 y 轴相交于高度 c 处，如图 3.8 所示。

假如 $P(x, y)$ 是该直线上的任意一点，我们就有图中用灰色线段表示的上升高度 $y - c$ 和前进路程 x，因此

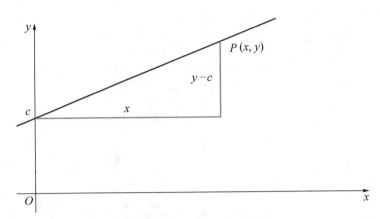

图 3.8　方程 $y=mx+c$ 的直线

$$\frac{y-c}{x} = 斜率 = m$$

将等式两边都乘以 x，然后再在两边加上 c，就得出了这条直线上所有点都应满足的著名方程

$$y = mx + c$$

这一论证过程适用于任何与 y 轴相交的直线，因此任何一条这样的直线都有一个形式为 $y = mx + c$ 的方程。如果有一条直线与 y 轴**不相交**，那么它就是一条竖直的直线，因此其形式为

$$x = d$$

其中 d 为某个数。

现在我们就很容易根据直线方程来判定它们是否平行了：**平行线是具有相同斜率的直线**。更精确地说，一对平行直线的形式要么是

$$y = mx + b,\ y = mx + c \quad （具有同样的斜率 m，但是有着不同的 b 和 c）$$

要么是

$$x = c,\ x = d \quad （都是竖直的，但是有着不同的 c 和 d）$$

这两对方程中的每一对都是**不相容**的——第一对方程相容意味着 $b = c$，

第二对方程相容则能推出 $c = d$ ——因此这两个方程组都无解,于是与它们对应的两条直线也就不相交。表示直线的任何其他方程对都是可解的,因此上面的这两对方程所表示的正是平行线。

我们现在已经用几何方法和代数方法来描述了平行线,而且两种方法都清晰地表明了它们是不相交的。那么,为什么还有人会认为它们相交呢?

3.3　平行线与视觉

> 什么,让爱保持洞察力——那古老的
>
> 眼睛强加于想象的假象,
>
> 都是被机械地控制着的,它会诉说
>
> 桌子对边平行的情况有多么罕见;
>
> 距离如何使我们变小;
>
> 轮子呈现椭圆形的时候
>
> 如何远远多于它们呈现圆形的时候;
>
> 天花板的每个角落如何发生了错位;
>
> 宽阔的公路如何逐渐缩成一个点——
>
> 这一切能愚弄我们这些爱人吗？时间不会很长:
>
> 即使盲人也会感觉到有些地方出了问题。
>
> ——格雷夫斯①,"洞察力"(In perspective)

> ……在无垠的纳拉伯平原(Nullabor plain)上。在我们面前伸展着一条单线轨道,两根闪闪发光的平行钢条,在阳光下笔直笔直、令人烦恼地闪耀着,中间嵌入的一级级无穷无尽的横档是混凝土制成的枕木。在异常遥远的地平线附近的某处,这两根隐约闪现的钢铁直线相交在一个微微发光的没影点。
>
> ——布莱森(Bill Bryson),
>
> 《在那烈日灼烧的地方》(In a Sunburned Country)

在本章的前两节中,我们已经从**度量**的角度讨论了平行线:它们是具有相同斜率的直线,或者是具有恒定间距的直线。上面的这两段话则提醒我们,平行线从**视觉**角度来看会有相当大的不同:如果平面在我们面前水平伸展出去,那么平行线看起来就会像是相交于地平线处。它们

---

① 罗伯特·格雷夫斯(Robert Graves,1895—1985),英国诗人、小说家、翻译家,因发表战争回忆录《向一切告别》(*Good-Bye to All That*,1929)而成名,对古希腊和罗马作品也深有研究,一生共创作了140多部诗歌、小说和其他作品。——译注

的相交是"眼睛强加于想象的"。

然而它们实际上仍然没有相交,那这是怎么回事呢?情况是,每条直线都是无限长的,也就没有端点,因此看起来好像在地平线处的这个交点就不是在任何一条直线上的点。不过,这又是实实在在地"属于"这两条直线的一个明确的点,因此我们就简单地将它固定在那里。这个点被称为这两条平行线的**无穷远点**。所有平行于前两条平行线的直线都具有同一个无穷远点,因此地平线上的每一点都是某一族平行线的无穷远点。由于这个原因,我们将地平线称为平面的**无穷远直线**。

虽然无穷远点以一种自然的方式使平行线的概念完整了,但是无论在什么情况下,人眼都无法分辨出有端点的线和没有端点的线之间的差别。我们在图 3.9 中删去了能够看得见的无穷远"直线",从而设法用图解的方法来表示出这种差别。

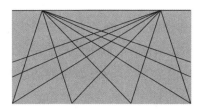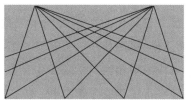

图 3.9　有无穷远点的平面和没有无穷远点的平面

艺术家和建筑师首先认识到无穷远点的重要性,他们将这些点称为"没影点"。在 15 世纪的意大利,他们发现了如何在透视画法中使用这些点,从而引人瞩目地改进了对三维结构的描绘,图 3.2 已经揭示了这一点。

意大利透视法的数学精髓是用所谓的"合法构图"方式来描绘铺有方砖的地板。阿尔伯蒂[①]在 1436 年的一本关于绘画的专著中首先提出这种构图法。这种方法假设方砖的一条边线与图的底边重合,并选择图

---

① 莱昂·巴蒂斯塔·阿尔伯蒂(Leon Battista Alberti,1404—1472),意大利作家、画家、建筑师、诗人、哲学家。他的《论建筑》(De re aedificatoria)是当时第一部完整的建筑理论著作。——译注

中一条任意水平线作为地平线。然后从底边上等间距排开的各点朝着地平线上的一个点画出直线，这些直线就描绘出了方砖垂直于底边的那些平行线（见图3.10）。靠近底边画出另一条水平线，这样就画出了第一排方砖。

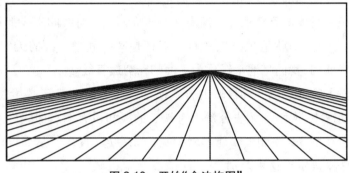

图 3.10　开始"合法构图"

接下去真正的问题出现了。我们如何找到正确的直线来描绘第二排、第三排、第四排……方砖呢？答案惊人地简单：画出底部那排方砖中任意一块的**对角线**（图 3.11 中用灰色线段表示）。这条对角线必定与这些相继平行线相交于第二排、第三排、第四排……的方砖的一角，因此在这些相继交点处画出一条条水平线，就构造出了这一排排方砖。

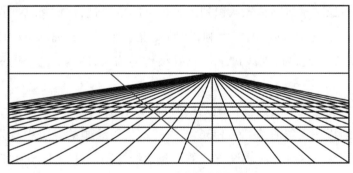

图 3.11　完成"合法构图"

"合法构图"能奏效的原因是，有些事物从这个平面的任何视角看都保持不变：

- 直线仍然是直的；
- 交点仍然是交点；
- 平行线仍然是平行的或者相交于地平线。

通过选定使"水平线"保持水平，我们就强制了"竖直线"必须相交于地平线。又由于一条对角线与这些"水平线"的交点同时也是它与这些"竖直线"的交点，于是后面这些交点就为我们提供了这些水平线的位置。

为艺术家所用

文艺复兴时期的艺术家似乎对于"合法构图"非常满意。文艺复兴艺术中的所有方砖地板的正确视图似乎都基于这种方法。随着相继的一排排方砖平行于画框铺展，方砖的角沿着对角线排成直线，整个画面令人强烈地感觉到庄严、秩序和有条理。而这无疑适宜于文艺复兴时期取材于宗教和古典文学的绘画普遍呈现出的那种严肃基调的需要。

法国国王路易十一的大臣让·佩勒林①在他的《论人工透视》一书中对"合法构图"进行了推广。这是第一本关于透视的指南，用法语和拉丁语写成，不过光是看图片就很容易弄懂。图 3.12 显示了其中一张图片，整本书在 Gallica 网站②可以仔细阅读。他出版这本书时所用的笔名是维阿托尔（Viator），即作者本名的拉丁语写法。（佩勒林（Pèlerin）在法语中的意思是"朝圣者"，而维阿托尔（Viator）在拉丁语中表示"旅行者"。）

佩勒林选取了图片的底边，并标记出一系列等间距的点，作为方砖的对角线。此时，"水平"和"垂直"线是两个类似的平行系列，即从对角线上的标记点到无穷远直线上的两点，如图 3.9 所示。这两个平行系列的方向是任意的，但从方砖本身来看却并不任意，因为它的对角线平行于地平线。

虽然佩勒林的方案为描绘方砖地板提供了很大的自由度，但是艺术家们学会利用它的过程却十分缓慢。这种方法最早在 17 世纪的荷兰绘

---

① 让·佩勒林（Jean Pèlerin，1445—1524），法国建筑师、雕刻家、牧师。他于 1505 年出版的《论人工透视》（*De artificiali perspectiva*）是历史上第一本透视学专著。——译注

② Gallica 是法国数字图书馆，网址为 http://gallica.bnf.fr/。——译注

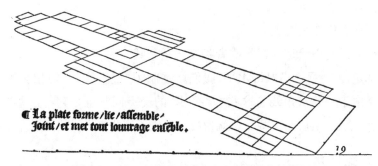

**C La plate forme, lie, assemble,
Joint, et met tout louurage ensemble.**

图 3.12　让·佩勒林的《论人工透视》中的插图

画中变得常见,当时取材于日常生活的非正式场景开始流行起来。不过,即使在那时也并没有宽松多少——两个无穷远点通常都是对称放置的。图 3.13 显示了一个可能不符合这种情况的例子。

图 3.13　维米尔①的《音乐课》(*The Music Lesson*)中对角铺设的地砖

---

① 　约翰内斯·维米尔(Johannes Vermeer, 1632—1675),荷兰画家,作品多为风俗题材的绘画。——译注

3.4　不用度量的画法

画出符合透视关系的方砖地板是一个重要的艺术问题,并且推动了数学中的一些重要进展。不过,涉及平行于地平线的那些直线的情况从数学上来看却具有误导性,这是因为它们太容易在度量的帮助下得以解决。假如方砖地板是任意朝向的,那么度量似乎就毫无用处了,于是思维就必须集中在数学上更为多见的问题,即**不用度量**而将它画出来。我们如何画出如图 3.14 所示的这样一个景象呢?

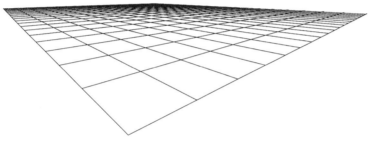

图 3.14　任意朝向的方砖地板

这个问题很容易解决,但是我不知道首先解决它的是一位艺术家还是一位数学家。唯一需要的绘画工具是一把直尺(上面不用标刻度,因为不需要度量)。

首先,一块方砖由两对平行线来加以界定,这两对直线分别相交于一条被选为地平线的直线上(见图 3.15)。

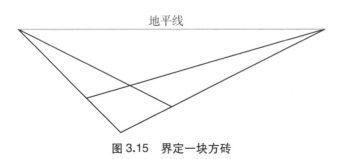

地平线

图 3.15　界定一块方砖

随后如图 3.16 所示，利用方砖的对角线相继构建出其他方砖。所有的对角线都相交于地平线上的同一点。

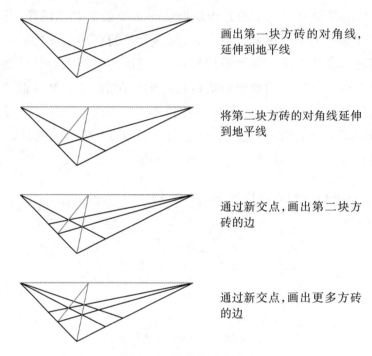

画出第一块方砖的对角线，延伸到地平线

将第二块方砖的对角线延伸到地平线

通过新交点，画出第二块方砖的边

通过新交点，画出更多方砖的边

图 3.16　构造方砖地板

显而易见，无论我们想要多少方砖，都可以继续以这种方式构建出来。这个过程中只需要一把直尺，因为新的直线是通过将点连起来而作出的，而新的交点则是通过直线相交而得到。从数学上来讲，我们只假设了以下几条关于点和直线的**关联公理**：

- 有四个点，其中任意三个点都不在同一直线上（即有了一块作为开始的方砖）。
- 通过任意两点只有一条直线。
- 两条直线恰好相交于一点（可能是在地平线上）。

关联公理描述的是物体在哪些条件下相交（或者说发生"关联"）。对于这些条件的研究被称为关联几何学或者射影几何学，这是因为其传统问题涉及将一幅图从一个平面投射到另一个平面。特别是，用透视法画出一块方砖地板,就相当于将一个网格从地板平面投射到图片平面上。

从某种意义上来说,射影几何学是对欧几里得几何学的一种完备。它增加了无穷远点,从而得到了一个更加同质的平面——**射影平面**——这个平面上的平行线与其他直线绝无不同。平行线恰好相交于一点,并且它们的交点所在的那条直线——地平线——是与任何其他直线都一样的。在射影平面上,我们事实上可以选取任意直线 h 来作为地平线,因此"平行线"这个术语只不过意味着"相交于 h 的直线"。

尽管射影几何学比欧几里得几何学更具同质性,但是它所拥有的概念数量似乎也比较少。其中没有提及长度和角度,只提到关联。不过,上面的三条公理并没有隐含射影几何学的所有定理。它们甚至没有阐明方砖地板的所有关联性质。假如我们进行了图 3.16 中的构造过程的前几步,那么我们很快就会发现,有一些奇迹发生了:三个点位于同一条直线上。表示这样一个奇迹的恰当的词是:**巧合**。两个点总是能与一条直线相关联,但是,假如有第三个点也像前两个点一样与同一条直线相关联……那么这就是**巧合**。在那个图的最后一步中可以看到这样的一个巧合:作为交点出现的三个点位于同一条直线上,即图 3.17 中用虚线表示的那条直线。

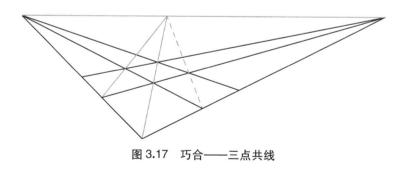

图 3.17 巧合——三点共线

在接下去的两节中我们会看到,用于解释这些巧合现象的**射影构形定理**有着悠久的历史。它们在射影几何学的范围之外得到了证明,因此假如我们想要在射影几何学范畴内解释巧合的话,就必须将某些构形定理视为**公理**。不过，当我们这样做以后，我们就会体验到一种不同类型的奇迹：关于长度和角度的一些概念可以由关联概念重建出来，因此（按照英国数学家凯莱（Arthur Cayley）的说法）"射影几何学就是一切几何学"。

3.5 帕普斯定理和德萨格定理

第一本关于射影几何学的数学书是法国工程师德萨格①在 1639 年出版的《试论一圆锥面与一平面相交所得的结果》(*Brouillon project d'une atteinte aux événemens des rencontres du cône avec un plan*)。这本书写得晦涩不清,以至于很快就销声匿迹了。如果不是 200 年后有一个孤本被发现的话,它到现在仍然不会为人们所知。(顺便说一下,一圆锥面与一平面相交所得的结果,会产生一条被称为**圆锥曲线**的曲线。用这种迂回曲折的方式来描述被称为椭圆、抛物线和双曲线的这个曲线族并不是德萨格的阐述遭人遗弃的重要原因。幸运的是,他还拥有一些追随者,他们确保了他的这些概念大难不死,直到时机成熟从而得到人们的赏识。)

德萨格有一个朋友叫艾蒂安·帕斯卡(Etienne Pascal),他的儿子布莱士·帕斯卡②后来成为法国数学界(和法国文学界)的一位巨擘。1640年,时年 16 岁的布莱士提出了一条如今被称为**帕斯卡定理**的关于多边形和曲线的定理,从而成为射影几何学的关键贡献者之一。德萨格的另一位追随者是雕刻师亚伯拉罕·博斯(Abraham Bosse),他在 1648 年为艺术家们所写的一本关于透视的指南中详细阐明了德萨格的一些概念。博斯的数学技能并不出众,但是所幸他的书所取得的成功足以令德萨格的名声存世。随着菲利普·德·拉·海尔(Phillipe de la Hire)的《几何学新方法》(*Nouvelle méthode en géométrie*, 1673)的出版,射影几何学最终得以在数学中立足,而德·拉·海尔的父亲曾是德萨格的学生。似乎牛顿也阅读过德·拉·海尔的这本书。不管怎么说,牛顿在三次曲线的几何

① 吉拉德·德萨格(Girard Desargues, 1591—1661),法国数学家和工程师,他奠定了射影几何学的基础。——译注

② 布莱士·帕斯卡(Blaise Pascal, 1623—1662),法国数学家、物理学家、哲学家。他在物理方面的主要贡献是提出流体能传递压力的定律,即帕斯卡定律。在数学方面,他在概率论等方面有重要贡献,并提出了射影几何学中的重要定理——帕斯卡定理。1654 年开始,他专注于神学与哲学方面的写作。——译注

学研究中利用投影方法取得了重大进展。因此我们可以说,到 1700 年,射影几何学已经达到了数学世界中的最高层次,即使当时其重要性才刚刚为人们所认识。

在那个时期,射影几何学还与欧几里得几何学以及费马和笛卡儿的坐标几何学纠缠在一起。再者,当时人们认为射影几何学的主要应用都是在曲线理论中,我们从德萨格那本书的标题中就可以看出这一点。任何关于直线的问题都可以用欧几里得几何学来处理,或者可以更有效地用坐标几何学来处理,因此要凸显射影几何学,最佳方式就是用它来解决关于曲线的那些用其他方法难以处理的问题。这就解释了当时人们对于圆锥曲线(德萨格、帕斯卡和德·拉·海尔)和三次曲线(牛顿)的强调。

侧重于曲线的情况是完全可以理解的,因为在德萨格的时代,从射影的观点来看,只有两条关于直线的已知定理是有意思的。其中之一是古希腊数学家帕普斯(Pappus)在大约公元 300 年发现的,而另一条就是德萨格自己发现的。

帕普斯定理:假如有六个点 *A*, *B*, *C*, *D*, *E*, *F* 交替位于两条直线上,那么 *AB* 与 *DE* 的交点、*BC* 与 *EF* 的交点,以及 *CD* 与 *FA* 的交点位于同一条直线上。

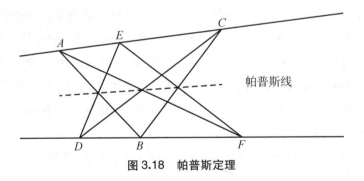

图 3.18　帕普斯定理

这条定理有意思的原因在于,它是一条纯射影几何学定理:这是有史以来发现的第一条这种类型的重要定理。这一陈述中仅包含关联概念:点位于直线上,直线相交于点。除此以外,它的**证明**需要一些来自欧几里得几何学的概念：线段的长度，还有长度的**乘积**。我们稍后将会看到，乘法是如何被卷入帕普斯定理的，不过让我们首先来看看德萨格对于直线的几何学的贡献。

德萨格定理：假如有两个三角形从一个点看来符合透视关系，那么它们的对应边的交点位于同一条直线上。

图 3.19 中的两个灰色三角形从点 P 看来符合透视关系。也就是说，通过它们对应顶点的各条直线都通过点 P。在这些条件下，它们的对应边相交于直线 $\mathscr{L}$（也用灰色表示）。

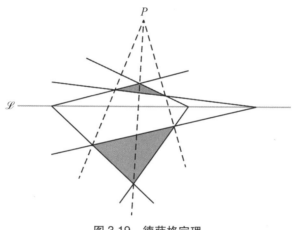

图 3.19　德萨格定理

与帕普斯定理一样，德萨格定理也是关于关联的，而其证明也要用到长度和乘法。不过它们之间存在着一个有趣的差别。如果图形不在一个平面上，德萨格定理仍然成立，而且**德萨格定理的这种空间形式具有一种自然的射影证明**。

这就是说，假设图 3.19 中的这两个三角形是在两个不同的平面上。正如一个射影平面上的两条直线相交于一点，**射影空间中的两个平面相交于一条直线**（可能是一条"无穷远直线"）。设 $\mathscr{L}$ 是这条直线。那么假如对应边相交的话，它们就相交在 $\mathscr{L}$ 上，这是因为 $\mathscr{L}$ 包含了这两个平面的所有公共点。而且这些对应边确实是相交的，这是因为它们位于同一平面上——即将它们与点 P 连接起来的那个平面。

帕普斯定理的证明

不幸的是，射影空间在帕普斯定理上并没有为我们提供什么帮助。假如我们想要证明它，那么就不可避免地要使用来自射影几何学以外的一些概念。不过，射影概念简化了这条定理的**陈述**，而这就使它比较容易证明。

请回忆一下在第 3.4 节中，我们可以将射影平面上的任何直线称为无穷远直线。现在我们来调用这一权力，设 AB 与 DE 的交点及 BC 与 EF 的交点就在无穷远直线上。换言之，**我们假设 AB 平行于 DE 且 BC 平行于 EF**。于是我们就必须证明 CD 与 FA 也相交于无穷远处，换句话说就是 CD 与 FA 也是相互平行的。

图 3.20 显示了从这个新视角得到的帕普斯构形。

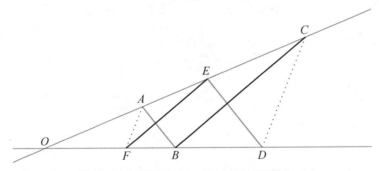

图 3.20　帕普斯线在无穷远处的帕普斯构形

我们假设的是，那两对实线是相互平行的；我们想要证明的是，那一对虚线也是平行的。为了做到这一点，我们就要利用欧几里得的平行公理的一个结果：**在相同形状（即相似）的三角形中，对应各边长度之间具有恒定的比例**。

例如，$\triangle OAB$ 和 $\triangle OED$ 具有相同的形状，这是因为 AB 平行于 ED。由此推出

$$\frac{\text{上边}}{\text{下边}} = \frac{OA}{OB} = \frac{OE}{OD} \tag{3.1}$$

类似地,$\triangle OEF$ 和 $\triangle OCB$ 具有相同的形状,这是因为 EF 平行于 CB,于是

$$\frac{\text{上边}}{\text{下边}} = \frac{OE}{OF} = \frac{OC}{OB} \tag{3.2}$$

将等式(3.1)两边同乘以 $OB \cdot OD$,就给出

$$OA \cdot OD = OB \cdot OE \tag{3.3}$$

将等式(3.2)两边同乘以 $OB \cdot OF$,就给出

$$OB \cdot OE = OC \cdot OF \tag{3.4}$$

由等式(3.3)和(3.4),我们得到都等于 $OB \cdot OE$ 的两项,于是有 $OA \cdot OD = OC \cdot OF$。将此式两边都除以 $OF \cdot OD$,就最终给出

$$\frac{OA}{OF} = \frac{OC}{OD} \tag{3.5}$$

这就说明 $\triangle OAF$ 和 $\triangle OCD$ 具有相同的形状,因此 AF 平行于 CD,得证。

于是帕普斯定理就得到了证明,但这不是在射影几何学范畴内得证的。事实上,我们已将它转化到了欧几里得的世界,其中平行线具有**斜率**,而斜率是长度之比。假如我们想要在平行线没有斜率的射影世界里的帕普斯定理,那么我们就必须将它当作一条公理。同样的情况也适用于德萨格定理。在下一节中,我们会看到这些新公理的初步收获:它们解释了巧合。

3.6 德萨格小定理

帕普斯定理和德萨格定理表明了某些巧合——三点位于同一条直线上——其实是必然的。事实上,所有这样的巧合都可以解释为这两条定理的推论,尽管这一点大约在 100 年前才为人们所知。方砖地板上的巧合实际上是由德萨格定理的一个特例产生的,这是德国数学家穆方(Ruth Moufang)在 20 世纪 30 年代初作出的发现。

为了阐明这些非凡的发现,我们以图 3.17 中的巧合为例,说明它是如何由所谓的**德萨格小定理**推出的。这一定理是透视中心 P 与各对应边的交点位于同一直线 $\mathscr{L}$ 上时的特例。图 3.21 显示了 $\mathscr{L}$ 为顶部水平线时的德萨格小定理构形。

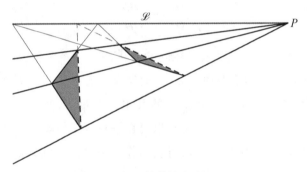

图 3.21　德萨格小定理

这条定理陈述的是,假如有两对对应边(实线)相交于 $\mathscr{L}$,那么第三对对应边(虚线)也相交于 $\mathscr{L}$。 我们有权将 $\mathscr{L}$ 视为无穷远直线,于是我们可以将这些相交于 $\mathscr{L}$ 的直线画成平行线,将从点 P 出发的直线也画成平行线。这就给出了图 3.22 所示的这种德萨格小定理的更为容易理解的视图:直线 $\mathscr{L}$ 和点 P 已消失在无穷远处,而相交于 $\mathscr{L}$ 的直线都是**相互平行的**。

从这个视图来看,德萨格小定理只不过说明了以下事实:**假如两个三角形的各对应顶点位于平行线上,并且假如它们的两对对应边是平行的,那么它们的第三对对应边也平行。**

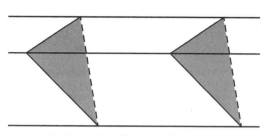

图 3.22　德萨格小定理的平行形式

　　诚然,用斜率来证明这种形式的德萨格小定理会很简单,正如我们对帕普斯定理所采用的那种做法。但这不是我们的目的所在。相反,我们想要看到的是,关于涉及平行线的其他结构,例如方砖地板,德萨格小定理**意味着**什么。假如它意味着某些巧合,那么它也就意味着从透视角度来看应有同样的巧合,而在透视角度下斜率概念都不适用。从这种意义上来说,德萨格小定理对于诸如图 3.17 这样的巧合提供了一种**射影解释**。

　　为了更加清晰地看清德萨格小定理的作用,我们遵循图 3.16 中的各步骤来重画图 3.17,使其中的平行线确实相互平行。你会注意到,这些新的步骤会比原来的步骤更难执行,这是因为必须要画出平行线。不过在平行线提供的图形(图 3.23)中,更容易发现德萨格小定理的例子。我们现在得到的不再是一条直线通过三个点(其中一个点在无穷远处),而是一条直线通过两个点,但又平行于另两条直线。图中的两条灰色直线是通过作图使其相互平行的,但那条灰色虚线却是构造出来的方砖的对角

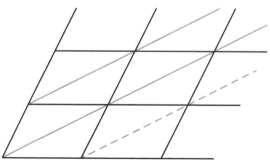

图 3.23　巧合的平行线

线,因此它是由于巧合而平行于前两条灰色实线的。

图中的黑色实线也是通过作图构成的(两族)平行线,因此就有许多机会来应用德萨格小定理。

首先,我们将它应用于图 3.24 所示的两个灰色三角形。两对对应边(黑色实线和灰色实线)是通过作图使其相互平行的,并且各顶点都位于平行的水平线上,因此根据德萨格小定理,两条黑色虚线边也相互平行。

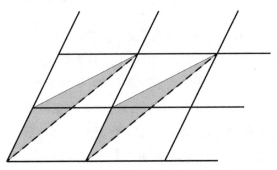

图 3.24 德萨格小定理的第一种应用

现在我们将它应用于图 3.25 所示的两个灰色三角形。黑色实线边是通过作图使其相互平行的,而黑色虚线边我们刚才已经证明它们是相互平行的。同样,各顶点都位于平行的水平线上,因此根据德萨格小定理,两条灰色边也相互平行。

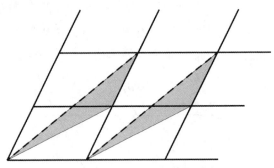

图 3.25 德萨格小定理的第二种应用

而这两条灰色边正是我们一开始想要证明其平行的那两条直线。
(得证)

尽管有了对于巧合平行线的这种射影解释,但是有人也许仍然会觉得"真正"的解释应该包含长度。当我们通过将长度相乘和相除也能得到同样的结论时(正如我们在第 3.5 节中证明帕普斯定理那样),为什么我们还要将类似帕普斯定理和德萨格定理这样的定理假设成公理呢?

　　从某种程度上来讲,这是一个偏好问题。大部分数学家对于基本代数都很熟练,因此他们觉得帕普斯定理和德萨格定理相形见绌。不过,帕普斯定理和德萨格定理能做的不仅仅是解释射影巧合——它们还解释了基本代数从何而来! 这个令人惊异的断言在德国几何学家的一长串著作中得到了支持,其中尤其值得注意的是施陶特(Christian von Staudt)1847 年的著作、希尔伯特(David Hilbert)1899 年的著作和穆方 1932 年的著作。他们发现**代数定律对应于射影巧合**,我们在下一节中就来讨论他们的故事梗概。

3.7 代数定律有哪些

我被打断时正想说的是,对思维进行分类的方式之一是将它们分别归入算术思维和代数思维这两个范畴。所有的经济实用的智慧都是对算术公式 $2+2=4$ 的一种扩展或变化。每一条哲学命题都具有表达式 $a+b=c$ 这样更具一般性的特征。在我们学会用字母来思考而不是用图形来思考之前,我们都只不过是操作者、经验主义者和自我主义者。

——奥利弗·温德尔·霍姆斯(OliverWendell Holmes),

《早餐桌上的独裁者》(*The Autocrat of the Breakfast Table*)

用字母代替数来进行计算,这是每个人受教育过程中向前迈出的一大步。它被正确地理解为从具体到抽象、从特殊到一般、从算术到代数的一步,但是它并不总是被公认为从迷惑到明晰的一步。要理解代数的明晰度,你可以自问:用数来进行计算的法则是什么?

首先,有一些针对选择 10 作为我们的数字系统基数所特有的法则:加法表、乘法表,以及"进位"或"借位"的法则。把这些写下来大约需要一页的篇幅。然后还有一些一般法则,例如"无论数以何种顺序相加,结果都相同",这些也许又能写满一页(这很难描述,因为这些法则很少被这样写下来)。

将这些情况与用字母进行计算的法则作比较。既然字母表示数,那么它们就遵守同样的法则,只不过那些针对特殊基数的法则就不再需要了。更重要的是,那些含糊不清的、用语言表达起来拖泥带水的一般法则可以代之以干脆利落的符号陈述方式,例如

$$a + b = b + a$$

(意思就是"无论数以何种顺序相加,结果都相同")。这是简单性和明晰度的另一个令人惊异的进步,只是不仅要会阅读文字,还要学会阅读符号,而这并不需要很多努力。

字母计算的全套法则(我们称之为**代数定律**)可以写成五行。实际

上一共有九条定律,但是它们自然而然地分成关于加法和乘法的四对相应定律,以及一条将两者联系起来的定律。

整套定律如下:

$$a + b = b + a \qquad ab = ba \qquad (交换律)$$
$$a + (b + c) = (a + b) + c \qquad a(bc) = (ab)c \qquad (结合律)$$
$$a + 0 = a \qquad a \cdot 1 = a \qquad (同一律)$$
$$a + (-a) = 0 \qquad aa^{-1} = 1,其中\ a \neq 0 \qquad (逆元律)$$
$$a(b + c) = ab + ac \qquad (分配律)$$

在实际使用中,我们用一些缩写来表示除了 0 和 1 以外的数值关系,例如用 $2a$ 表示 $a + a$,用 a^2 来表示 aa,用 a^3 表示 aaa,等等。这又重新调用了针对十进制数的那些法则,不过它们并不是这个体系的本质部分。

对于这些定律的意义作几点评论可能会有所帮助:

- 交换律说的是,几个数相加(或相乘)与**顺序**无关。

- 结合律说的是,在三项相加(或相乘)时,与各项的**分组**无关。其结果是,括号在三项的加法(或乘法)中是不必要的:既然 $a + (b + c)$ 与 $(a + b) + c$ 相同,那么它们就都可以写成 $a + b + c$。由此得出的结论是,在任意项相加(或相乘)时,括号都是不必要的。

- 同一律说的是,0 是**加法恒等元**,即加上这个数后不产生任何效应;而 1 则是**乘法恒等元**。

- 逆元律说的是,$-a$ 是 a 的**加法逆元**,即 a 加上这个数后产生加法恒等元;而当 $a \neq 0$ 时,a^{-1} 是 a 的**乘法逆元**(当 $a = 0$ 时,$a^{-1} = 1/a$ 不存在)。我们通常将 $a + (-b)$ 写成 $a - b$(读作"a 减 b"),而将 ab^{-1} 写成 a/b 或 $\dfrac{a}{b}$(读作"a 除以 b")。

- 分配律允许我们将几个和的乘积改写为几个乘积之和。在第 2 章中,我们已经看到分配律如何成为解释 $(-1)(-1) = 1$ 的关键。

一直到 19 世纪 30 年代,这些代数定律才由英国和德国的许多数学家浓缩成这张简短的清单。不过,人们从 16 世纪代数刚出现时就认识到,字母计算可以解释数的计算的一般性质。在进行许多数的计算的过程中**察觉**到的各种规律,就可以用简单的字母计算来表示。

例如,以下等式

$$1 \times 3 = 3 = 2^2 - 1$$
$$2 \times 4 = 8 = 3^2 - 1$$
$$3 \times 5 = 15 = 4^2 - 1$$
$$4 \times 6 = 24 = 5^5 - 1$$
$$\vdots$$

这种规律可以表示为

$$(a - 1)(a + 1) = a^2 - 1$$

你可能知道如何证明 $(a - 1)(a + 1) = a^2 - 1$,并且会拒绝查看冗长乏味的详细计算过程。不过,我想在此表明代数定律是如何发挥作用的,仅此一次。以下就是这一计算过程。

$$
\begin{aligned}
(a - 1)(a + 1) &= (a - 1)a + (a - 1) \cdot 1 &&(\text{根据分配律})\\
&= (a - 1)a + (a - 1) &&(\text{根据同一律})\\
&= (a - 1)a + a - 1 &&(\text{根据结合律})\\
&= a(a - 1) + a - 1 &&(\text{根据交换律})\\
&= a^2 + a \cdot (-1) + a - 1 &&(\text{根据分配律})\\
&= a^2 + a \cdot (-1) + a \cdot 1 - 1 &&(\text{根据同一律})\\
&= a^2 + a \cdot ((-1) + 1) - 1 &&(\text{根据分配律})\\
&= a^2 + a \cdot (1 + (-1)) - 1 &&(\text{根据交换律})\\
&= a^2 + a \cdot 0 - 1 &&(\text{根据逆元律})\\
&= a^2 + 0 - 1 &&(\text{根据同一律和逆元律})\\
&= a^2 - 1 &&(\text{根据同一律})
\end{aligned}
$$

数的计算是字母计算的明显模型,不过既然数可以解释为长度,那么也就可以构想出一种几何模型。的确,费马和笛卡儿的坐标几何学就是以代数为基础的。他们发现古希腊人研究过的那些曲线都可以用方程来表示,而且用代数比用经典几何学能更加轻易、更加系统地揭开曲线的奥秘。不过费马和笛卡儿为了一开始就应用代数,直接就以经典几何学为先决条件了。特别是,他们利用了欧几里得的平行公理和长度概念来导出直线方程,正如我们在本章前几节中所做的那样。

19 世纪到 20 世纪,人们发现了一种新的方法,既适用于代数,又适用于几何。1847 年,施陶特找到了一种方法,在**不**使用长度概念的情况下于几何中模拟代数。他借助平行线来定义加法和乘法,但是在射影几何学中,"平行"仅仅意味着"相交于一条被称为无穷远的直线"。这样就避免了使用长度概念,但同时也提出了新的问题,即证明对于如此定义的加法和乘法,代数定律也成立。

例如,$a + b$ 和 $b + a$ 这两个和表示的是通过两种不同的射影构造所得到的一些点。我们想要这些点重合,这就是一种射影**巧合**。确实,所有代数定律都对应着射影巧合,并且施陶特证明了**所有需要的巧合都是由帕普斯定理和德萨格定理所得出的结果**。

1899 年,希尔伯特证明,除了乘法交换律以外,所有其他代数定律都可由德萨格定理推出。1932 年,穆方证明,除了交换律和结合律以外,所有其他代数定律都可由德萨格小定理推出。于是帕普斯定理、德萨格定理和德萨格小定理就与代数定律不可思议地协同一致了! 我们将在下一节中进一步探究几何与代数之间的这种协同一致。

3.8 射影加法与乘法

如果我们先假定一个点表示的是它到原点的距离,并利用平行线来移动和放大距离,那就很容易看出如何将各点相加和相乘。在弄懂加法和乘法的作图方法之后,我们就可以扔掉刚才的假定,并仍然能对射影平面中一条直线上的各点定义加法和乘法。

要得到 b 点加上 a 点,我们利用图 3.26 中所示的作图方法。

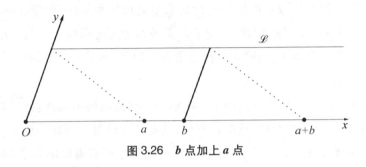

图 3.26 b 点加上 a 点

O, a, b 三个点位于一条被称为 x 轴的直线上,另一条通过 O 点的任意直线被选为 y 轴。我们还需要一条平行于 x 轴的直线 $\mathscr{L}$, 但只是将它当作"脚手架"来使用,因为 $a+b$ 并不依赖于你所选择的 $\mathscr{L}$。

为了求出 $a+b$,我们沿着一条平行于 y 轴的直线(黑色实线)从 b 点前进到 $\mathscr{L}$, 然后再沿着与经过点 a 以及 $\mathscr{L}$ 与 y 轴交点的那条直线平行的一条直线(点线)返回 x 轴。

在欧几里得几何学中,这个过程作出了一对全等三角形,它们的底边长度都是 a,因此,用 $a+b$ 来命名到达的那一点是恰当的。不过,在射影几何学中,我们不能求助于长度概念,因此,我们必须**证明** $a+b$ 具有我们预期的 a 与 b 相加之和所具有的那些特征。

例如, $a+b=b+a$ 成立吗?为了作出 $b+a$,我们将上面作图过程中 a 和 b 的角色互换,于是得到图 3.27。

这是一个不同的作图过程。不过,由于一种射影巧合——帕普斯定理,(当我们将这两张图重叠起来(见图 3.28),就可以轻易看出)两种作

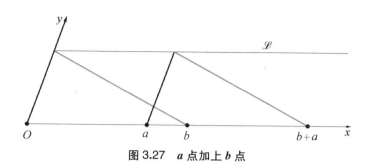

图 3.27 *a* 点加上 *b* 点

图过程引导我们得到了同一个点！点 *a* + *b* 位于点线（它平行于另一条点线）的端点，点 *b* + *a* 则位于灰色直线（它平行于另一条灰色直线）的端点，而帕普斯说，这两个点是同一点。

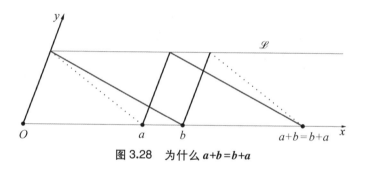

图 3.28 为什么 *a*+*b*=*b*+*a*

要将 *a* 乘以 *b*，我们也使用同样的方法，*O*，*a*，*b* 位于 *x* 轴上，而另一条通过 *O* 点的直线则被称为 *y* 轴。现在，我们还需要在 *x* 轴上放置一个被称为 1 的不同于 *O* 的点，然后我们作出通过 *x* 轴上的 1，*a*，*b* 三点的 3 条平行线，这些平行线与 *y* 轴相交于 3 个点，称为 1，*a*，*b* 在 *y* 轴上的对应点。现在来考虑图 3.29 中的两条点线：

- 从 *y* 轴上的点 1 到 *x* 轴上的点 *a* 的点线；
- 上述点线通过 *y* 轴上的点 *b* 的平行线。

然后考虑这两条点线在 *x* 轴与 *y* 轴之间的区域中截出的那两个三角形。在欧几里得几何学中，平行线截出的是相似三角形，因此大三角形的各边就是小三角形对应各边放大 *b* 倍。于是我们就可以合情合理地将通过点 *b* 的那条点线的另一端定义为点 *ab*。

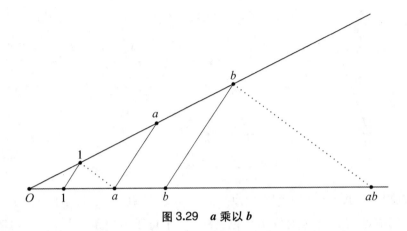

图 3.29 **a 乘以 b**

当我们将 b 和 a 的角色互换时,作图过程是不同的,因此可以想象所得的点 ba 应该不同于点 ab。如图 3.30 所示,现在的两条构造线画成灰色实线而不是点线,我们发现点 ba 位于通过 y 轴上的点 a 的那条灰色实线的另一端,而这条灰色实线平行于从 y 轴上的点 1 到 x 轴上点 b 的那条灰色实线。

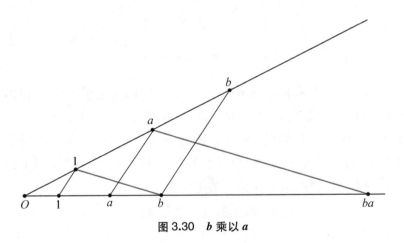

图 3.30 **b 乘以 a**

通过与证明 a + b = b + a 完全相同的射影巧合——帕普斯定理,可以证明 ab = ba 也是正确的。当我们将 ba 的作图与 ab 的作图重叠起来时就能看出这一点,而这又一次使帕普斯构形为人们所知(见图 3.31)。根据帕普斯定理,点线的端点 ab 与灰色实线的端点 ba 是同一个点。

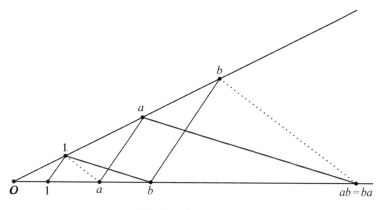

图 3.31　为什么 *ab* = *ba*

　　虽然帕普斯定理似乎是为了证明 $a + b = b + a$ 和 $ab = ba$ 而量身定做的,不过其他代数定律则更容易由德萨格定理推导出。例如,希尔伯特在 1899 年证明,乘法结合律可由德萨格定理推出。相当令人吃惊的是,直到 1904 年才有人注意到德萨格定理可由帕普斯定理推出,因此所有代数定理全都能单独由帕普斯定理推出。

几何学公理有哪些

　　欧几里得几何学的基础是为数不多的几条公理,其中最重要的一条就是平行公理。不过,欧几里得还作出了许多未被人注意到的假设,而当这些假设被注意到时(1900 年前后由希尔伯特等人发现),欧几里得式公理的数量已上升到约 20 条。这超过了代数定律的数量,即使当我们加上那些描述点的行为的公理(所谓的**向量空间**公理)和描述长度的公理(所谓的**内积**公理)时也是如此。此外,代数定律当然也适用于数学的其他各分支。因此,到 20 世纪中期发展起来的一种观点是,代数是几何的恰当的基础。

　　然而,上文所概述的这些结果说明,欧几里得几何学**以及**代数定律都可以仅由四条射影几何学的公理推导出:

　　1. 有四个点,其中任意三个点都不在同一直线上。

2. 通过任意两点只有一条直线。

3. 任意两条直线仅相交于一点。

4. 帕普斯定理。

虽然这项 100 年前的发现似乎能够彻底颠覆数学，然而它当时尚未完全被数学界接受。它不仅阻止了将几何转变为代数的趋势，而且还使人联想到，几何与代数都具有一种比以前所认为的更加简单的基础。

那些在宇宙中其他地方搜寻智慧生命的人常常得到的建议是，去抵达地球的电磁噪声流中寻找数学概念的迹象，例如素数或毕达哥拉斯定理。不过，上面的这些结果使我们更不清楚的是：当外星人的几何或代数发送给我们时，我们是否能辨认出来？最起码，我们也还应该搜寻帕普斯定理的迹象！

第4章 无穷小

概况预习

多亏有了实数,我们才能度量任何线段的长度,甚至像单位正方形对角线这样的无理数线段。当我们想要度量曲线的长度时,出现了一个不同的问题。在笛卡儿 1637 年的《几何学》中,我们发现了以下这条著名的预言:

> ……直线与曲线之间的比例是未知的,而且我相信靠人类思维是不可能得知的。

事实上,即使二维和三维的直线图形(多边形和多面体)也很难度量。利用一些精巧的方法,可以将任意多边形分割成有限多块,再将它们重新组合成一个正方形,从而有可能度量它的面积。然而,要求出多面体的体积,有时候似乎有必要将它们切割成**无穷多**块,因此切割成的各块可以是任意小的。

"任意小的块"是指,对于任何指定的尺寸,总有一块会小于该尺寸。它并**不**意味着存在小于任何尺寸的一块。这种"任意小的块"被称为**无穷小**,它当然是不可能存在的。**然而,尽管无穷小不可能存在,但是它们却很容易操作,而且通常会给出正确的结果。**

在这一章中,我们会回顾长度、面积和体积的基本理论,并将看到无穷小是如何巧妙地进入弯曲图形研究的。在求像圆之类的曲线的切线、面积和长度时，它似乎是穿过不可能而通往真相的最短路径。

4.1　长度和面积

　　数学的基础之一是长度和面积之间的关系。我们已经看到毕达哥拉斯定理是如何将两者联系起来的。在下面这个公式中,可以看到一种更加基本而又更加重要的关系:

$$矩形的面积=底×高$$

其中的"底"是指一边的长度(通常用图中的水平线来表示),而其中的"高"则是指垂直边的长度。

　　虽然这可以看成矩形面积的**定义**,但它起源于底为 m 个单位而高为 n 个单位的情况,其中的 m 和 n 都是整数。此时,这个矩形显然由 mn 个单位正方形构成。图 4.1 中显示的是 $m = 5$, $n = 3$ 的情况。

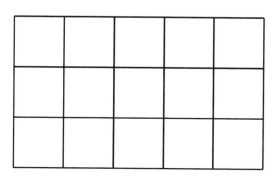

图 4.1　矩形的面积

　　由于我们将长度看成数,而数的乘积也是一个数,因此我们就将面积也看成了数。古希腊人认为,长度是比数更具有一般性的概念,因为长度可以是无理数,因此他们确确实实是将长度的乘积看成矩形。这就产生了何时两个矩形是"相等"的(用我们的语言来说就是面积相等)这个问题。欧几里得利用**切割和粘贴**回答了这个问题。假如将多边形 $\mathscr{P}$ 用直线切割成数块后能重新组合起来构成多边形 $\mathscr{Q}$,那么他就称 $\mathscr{P}$ 和 $\mathscr{Q}$ 是**相等的**。

　　即使到现在,当我们对于无理数相乘已经喜闻乐见时,求任意多边形面积的最佳方法仍然是将它切割和粘贴成一个矩形。我们需要切割和粘贴,只是为了找到要将**哪些**数相乘。例如,从任意平行四边形的一端切下一个三角形,再将它粘贴到另一端(如图 4.2 所示),就可以将它转变成一个矩形。

图 4.2　一个平行四边形的切割和粘贴

由此得到的结论是

$$平行四边形的面积 = 底 \times 高$$

其中的"底"是指一边的长度,而"高"是指这条底与它的平行边之间的距离。

接下去我们还发现

$$三角形的面积 = \frac{1}{2} \times 底 \times 高$$

这是因为任何三角形的面积都是一个与它具有相同底和高的平行四边形的一半,如图 4.3 所示。

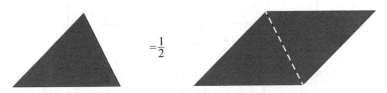

图 4.3　三角形的面积是平行四边形的一半

最后,我们通过证明以下两条,就可以完成这个关于多边形面积的故事了。

- 任何多边形都可以切割成数个三角形;
- 一个多边形的面积(即通过将它切割和粘贴所得到的任何矩形的面积)等于这些三角形的面积之和。

这两个事实并**不**完全是显而易见的,假如它们不成立将会令人震惊。第二个事实如此不显见,以至于一直到 1898 年才由伟大的希尔伯特首先给出了证明。我们将这两个事实都留待读者去思考,但是我们不要求读者对它们作出证明,因为我们不需要掌握有关其他多边形的面积的知识。

4.2　体积

切割和粘贴对于体积也同样有效,只不过没有那么圆满。此时与矩形形成类比的是**盒子**,考虑单位立方体(如图 4.4 所示),我们给出以下定义:

$$盒子的体积=长×宽×高=底×高$$

其中的"底"现在指底面积,即长×宽。

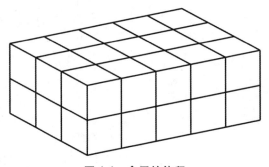

图 4.4　盒子的体积

与平行四边形形成类比的立体图形被称为**平行六面体**,即相对各面都平行的立体图形。(平行六面体的英文"parallelepiped"的正确发音是,将它分解成"parallel-epi-ped",这是表达其意思"平行-在上-底部"的几个希腊单词。)作为一个很好的形象化练习,我们可以来看看任何平行六面体如何能被切割和粘贴成具有相同底面积和高的盒子(请仔细观察图 4.5)。

我们由此得出的结论是

$$平行六面体的体积=底×高$$

假如我们将一个平行六面体通过其顶面和底面的两条平行对角线一切为二,我们就得到了一个被称为**三棱柱**的图形。它的体积等于平行六面体的一半,而它的底面积也是平行六面体的一半,因此

$$三棱柱的体积=底×高$$

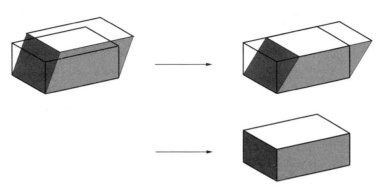

图 4.5　平行六面体与盒子

通过将几个三棱柱粘贴在一起,我们就可以做出一个**广义棱柱**,它以任意多边形作为其水平横截面,而它的体积也由底×高这个公式给出。

　　不过,切割和粘贴对于横截面不恒定的立体图形就失效了,即使是对最简单的四面体,或者称为三棱锥。求出一般四面体体积的任何方法都包含着无穷多步,而我们会在下一节研究其中之一。

4.3 四面体的体积

欧几里得对四面体体积的推导研究出现在《几何原本》第12卷的命题4中,它基于下面这个图形。

图4.6显示了欧几里得的起点,即用某些连接各边中点的直线对四面体进行剖分。

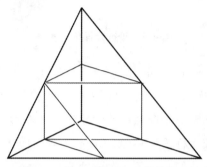

图4.6 欧几里得对四面体的剖分

这些直线在该四面体的内部构造出两个三棱柱:

- 一个"直立"的三棱柱,它的高等于四面体高的一半,而它的底面积等于四面体底面积的四分之一。(事实上,这个四面体的底被各边中点的连线分成四个全等三角形,这个三棱柱的底就是其中之一。)我们因此得到

$$\text{直立三棱柱的体积} = \frac{1}{8} \times \text{底} \times \text{高}$$

其中的"底"和"高"分别表示四面体的底面积和高。

- 一个"倾斜"的三棱柱,躺在一个平行四边形上,而这个平行四边形是四面体底面的一半(由上述四个全等三角形中的两个构成)。将这个平行四边形视为一个平行六面体的底,而这个平行六面体的高等于四面体高的一半,于是我们发现这个倾斜的三棱柱就是这个平行六面体的一半,因此

$$\text{倾斜三棱柱的体积} = \frac{1}{8} \times \text{底} \times \text{高}$$

于是,四面体中的这两个三棱柱的体积之和就等于 $\frac{1}{4} \times$ 底 $\times$ 高,其中的"底"和"高"(我们再次重申)分别是四面体的底和高。

如果将这两个三棱柱移除,那么就剩下两个尺寸为原来一半的四面体,而这两个四面体又可以进行类似的剖分(见图4.7)。

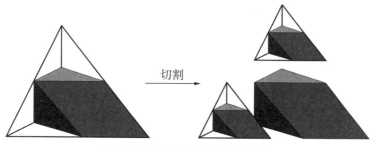

切割

图4.7 欧几里得对四面体的剖分

半尺寸的四面体中的三棱柱本身也是半尺寸的,因此其体积就等于初始三棱柱体积的 1/8。既然有两个半尺寸的四面体,那么在它们内部的这些三棱柱就占据初始三棱柱体积的 1/4,因此

$$\text{半尺寸的三棱柱的体积} = \left(\frac{1}{4}\right)^2 \times \text{底} \times \text{高}$$

其中的"底"和"高"同样是初始的、全尺寸的四面体的底和高。

将这些三棱柱从两个半尺寸四面体中移除,我们就剩下四个四分之一尺寸的四面体,它们又可以进行类似的剖分。这就给出

$$\text{四分之一尺寸的三棱柱的体积} = \left(\frac{1}{4}\right)^3 \times \text{底} \times \text{高}$$

继续这样无限剖分下去,我们就将整个四面体内部都填满了三棱柱,因为四面体内部的每个点都落在某个三棱柱中。这就说明,最初的四面体的体积等于这些三棱柱的体积之和,即

$$\text{四面体的体积} = \left[\left(\frac{1}{4}\right) + \left(\frac{1}{4}\right)^2 + \left(\frac{1}{4}\right)^3 + \cdots\right] \times \text{底} \times \text{高}$$

我们还需要计算无穷和

$$S = \left(\frac{1}{4}\right) + \left(\frac{1}{4}\right)^2 + \left(\frac{1}{4}\right)^3 + \cdots$$

这可以通过一个简单的技巧来算出。将上式两边都乘以 4,我们就得到

$$4S = 1 + \left(\frac{1}{4}\right) + \left(\frac{1}{4}\right)^2 + \left(\frac{1}{4}\right)^3 + \cdots$$

然后用第二式减去第一式,得

$$3S = 1 \quad \text{因此} \quad S = \frac{1}{3}$$

于是我们最终得到

$$\text{四面体的体积} = \frac{1}{3} \times \text{底} \times \text{高}$$

等比级数①

无穷和

$$\left(\frac{1}{4}\right) + \left(\frac{1}{4}\right)^2 + \left(\frac{1}{4}\right)^3 + \cdots$$

是**等比级数**的一例。等比级数的形式为

$$a + ar + ar^2 + ar^3 + \cdots$$

对于任何绝对值小于 1 的 r,它有一个有意义的和。这个和可以通过类似上文用过的技巧(也类似第 1.6 节中用于计算循环小数的技巧)来求出。我们令

---

① 也称为几何级数。——译注

$$S = a + ar + ar^2 + ar^3 + \cdots$$

将上式两边都乘以 r,得到

$$rS = ar + ar^2 + ar^3 + ar^4 + \cdots$$

用第一式减去第二式,得

$$(1 - r)S = a \quad 因此 \quad S = \frac{a}{1 - r}$$

这一结果可以用一种更加谨慎的方式来得到(这揭示了为什么 r 必须具有绝对值小于 1 的值),方法是将上述技巧用于**有限和**

$$S_n = a + ar + ar^2 + ar^3 + \cdots + ar^n$$

由此得出的结果是

$$S_n = \frac{a - ar^{n+1}}{1 - r}$$

如果我们现在让 n 无限增大,那么 ar^{n+1} 这一项就会趋于零,**前提是 r 的绝对值小于 1**。

4.4　圆

　　通过第 4.1 节所述的切割和粘贴多边形来构成矩形,我们就可以对任意给定多边形构造出一个与它具有相同面积的正方形。古代数学中的**巨大挑战是化圆为方**,即作出一个与单位圆所围面积相同的正方形。由于圆是弯曲的,因此实际上不可能用多边形来构造出一个圆,尽管圆的面积看起来似乎是一个有意义的概念。

　　如今,我们用 π 表示单位圆的面积,每个小学生都知道 π 这个数约等于 22/7。不过,π **绝不**等于 22/7。阿基米德用内接于圆和外切于圆的两个 96 边形来逼近圆,结果能够证明

$$3\frac{10}{71} < \pi < 3\frac{1}{7}$$

因此,22/7 只不过是 π 的一个很好的近似。它精确到了两位小数。古代中国人也对 π 的值有兴趣,祖冲之(公元 429—500 年)发现了非凡的近似值 355/113,这个值精确到了六位小数。后来计算 π 越来越多的小数位数成了某种竞赛项目。1596 年范・柯伊伦(van Ceulen)算出了 35 位小数,1706 年马钦(Machin)算出了 100 位小数,1874 年尚克斯(Shanks)算出了 527 位小数(尚克斯实际上计算了 707 位,但是在第 528 位出了错)。尚克斯的纪录一直到电子计算机时代才被打破,现在的纪录已达到数十亿位(当你看到这里的时候说不定已经达到数万亿位了)。对 π 的计算是一个了不起的能引起人类共鸣的故事,但也是一个了不起的关于人类愚蠢的故事,因为**迄今为止已经计算出的 π 的小数位数并没有引申出任何深刻的见解**。

　　比如说知道 π 的前 63 位

3.141 592 653 589 793 238 462 643 383 279 502 884 197 169 399 375 105 820 974 944 59…

并没有什么太大的意思,因为这些数位不会对第 64 位是什么给我们任何启发。正如 $\sqrt{2}$ 一样,在这些数字中不存在明显的规律,我们甚至不知道任何一个特定的数字,比如说 7,是否在其中会出现无穷多次。本质上来

说,对于 π 的十进制展开形式,我们唯一得知的是负面的认识:它不是循环的。这是因为我们已经知道 π 是一个无理数,而正如我们在第 1 章中已经看到的,循环小数都是有理数。

我们必须面对这样一个事实:π 的任何数值描述都包含着一个无限过程,但是我们仍然可以期望这个过程具有一种清晰而简单的规律。实现这种期望的是下面这个了不起的公式

$$\frac{\pi}{4} = 1 - \frac{1}{3} + \frac{1}{5} - \frac{1}{7} + \frac{1}{9} - \cdots$$

这大概是任何无限公式可能具有的最简单形式了。大约公元 1500 年,这个公式在印度被发现,1670 年又在欧洲被重新发现。为了解释这个公式,我们需要讲一些**微分几何**。而要引入这个看似矛盾的概念,我们可以追溯到古希腊数学中的另一个精彩部分——圆的长度和面积之间的关系。

正如我们已经看到的,古希腊人并不确切知道 π,但是他们确实知道任意圆的长度和面积中都包含着**同一个值** π(事实上,在球的表面积和体积中也包含着这个数值)。你很可能记得学校里曾经学过,对于一个半径为 R 的圆,

$$圆周长 = 2\pi R$$

$$圆面积 = \pi R^2$$

大约公元前 400 年,古希腊人发现,**假如根据圆周长 = $2\pi R$ 来定义 π,那么就可以由此推导出圆面积 = πR^2**。长度和面积之间的这种关系可以这样来看:想象将圆切割成大量纤细的扇形,并将这些扇形如图 4.8 显示的样子排成一行。在这幅图中,我们排列了 20 个中心角为 18° 的扇形。不过要得到更好的结果,你应该想象有 100 个扇形,或者 1000 个,抑或 10 000 个……

其中的基本概念是:假如这些扇形都非常纤细,那么它们差不多就是三角形,这些三角形的底边相加之和等于圆的周长 $2\pi R$,而它们的高

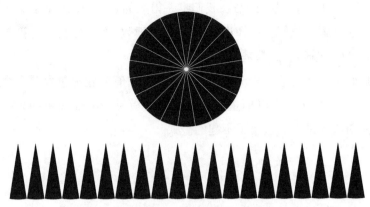

图 4.8　将构成一个圆的扇形排成一行

就是 R。既然每个三角形的面积都等于 $\frac{1}{2} \times$ 底 $\times$ 高，那么就可以由此推

导出

$$圆面积 = 扇形的总面积$$

$$= \frac{1}{2} \times 总底边长 \times 高$$

$$= \frac{1}{2} \times 2\pi R \times R$$

$$= \pi R^2$$

不过，一个真实的扇形无论有多小，都不完全是一个三角形——它的底部稍稍外凸——因此这些扇形底部线段的总长度就总是会比该圆的周长稍短一点。（确实，图中这些线段的总长度是一个内接于该圆的二十边形的周长。）同样，每个三角形的高也总是会比 R 稍短一点，R 是它的斜边长度。

不知怎的，我们通过**让扇形成为某种并不是它们的东西，即成为三角形**，而得出了正确的结论。

大约公元前 350 年，欧多克索斯发现了一种方法，并通过这种旁门左道似的论证而得到了结论的正当性——这就是所谓的**穷竭法**。这种方法在福尔摩斯的话中得到了呼应(参见柯南·道尔(Arthur Conan Doyle)的《四签名》(*The Sign of Four*)第6章):

当你排除了不可能之后,无论剩下的是什么,无论有多么不可能,那一定就是真相。

在圆的情况下,我们可以证明这些扇形的总面积绝不可能大于 πR^2,而且由于我们使这些扇形足够纤细,因此它们的面积同样必定超过任何小于 πR^2 的数。于是我们就穷举了除真相以外的所有可能性,因而真相就是圆面积 = πR^2。

不过,要真的通过将扇形与三角形作比较来估算出这些面积是非常冗长乏味的。在17世纪,数学家注意到他们可以跳过穷竭法这一论证,而且只要容许一些几何想象,比如说扇形的表现就像是三角形,就能轻易地计算出许多弯曲图形的面积和长度。

例如,为了证明圆的面积是 πR^2,我们可以想象将圆分成许多**无穷小**的扇形。这些扇形如此纤细,以至于假设它们是高为 R 的一些三角形,且这些三角形的底边相加等于 $2\pi R$,**完全不存在任何误差**。虽然这是一个大胆的异想天开的假设,但是17世纪的数学家总是能反驳道:如果你不信的话,那就用穷竭法去检查一下结果吧。

在无穷小方法被发现后的数十年,**对于无穷小的想象就已经完全压倒了诚实的穷竭法**,因为它与代数联合起来形成了**微积分**——这是一种符号体系,通过常规计算,比如说用直线几何学中早已知道的那些计算方法,来解答关于曲线的问题。微积分这种方法可能是有史以来被发明的最强大数学工具,然而它的源头却是由无穷小构成的梦想世界。在下一节中,我们就来看看这些奇异的源头。

4.5 抛物线

当用**坐标**来表示点,用**方程**来表示曲线时,几何就变成了代数。正如第 3.2 节解释过的,平面上的每个点都可以用一个数对 (x, y) 来加以描述,其中 x 和 y 都是实数,它们分别表示该点到一个被称为**原点**的点 O 的水平和竖直距离(见图 4.9)。

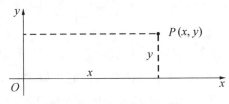

图 4.9 一个点和它的坐标

一条曲线 C 上的点所满足的某个方程被称为 ***C* 的方程**。例如,方程

$$y = x$$

表示通过点 O、倾斜角为 45° 的直线,而方程

$$y = x^2$$

则表示一条通过点 O、被称为**抛物线的曲线**(见图 4.10)。

抛物线是**圆锥曲线**中的经典曲线之一。抛物线得名的原因是,它们都是用一个平面切割一个圆锥所得的结果。大约公元前 200 年,古希腊数学家阿波罗尼乌斯(Apollonius)就研究过这些曲线,他通过巧妙的几何推理发现了它们的数百项特性。当费马和笛卡儿在 1630 年前后将坐标引入几何学时,他们的最初几步之一就是重新考虑圆锥曲线。他们发现,圆锥曲线就是以 x 和 y 为变量的**二次方程**的曲线。因此从代数上来说,圆锥曲线是最简单的曲线(除了直线以外,直线是由**线性**方程 $ax + by = c$ 给出的曲线,其中 a,b,c 都是常数)。

于是,坐标就将圆锥曲线的几何学转化成了二次方程的代数学。这就使得阿波罗尼乌斯通过巨大努力才发现的大多数特性变得很容易证明——容易到几乎呆板的程度。由三次方程或更高次方程给出的更加复

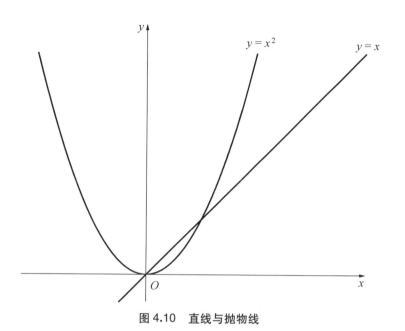

图 4.10　直线与抛物线

杂的曲线也得到了解密,对其解密的程度仅受到更高次方程在代数上的困难的限制。有些问题对于**一切**由代数方程给出的曲线都可解。其中一个问题就是**切线问题**。

　　曲线 C 上一点 P 处的**切线**可以定义为通过点 P,且在点 P 处与 C 具有相同方向的直线。用更具物理色彩的术语来说,如果一个运动着的粒子在点 P 处离开曲线 C(也就是说,如果它"突然离开原来的路线"),那么它将会遵循的运动直线就是这条切线。因此,要求出点 P 处的切线,就相当于求出曲线在点 P 处的**斜率**。我们首先对抛物线 $y = x^2$ 求解这个问题,然后再指出如何将这种方法推广到其他曲线。

　　为了找到抛物线 $y = x^2$ 上的点 $P(x, y)$ 处的切线,我们考虑将点 P 与该抛物线上无限接近于点 P 的一点 Q 连接起来的直线。点 Q 的坐标可以写成 $(x + \mathrm{d}x, y + \mathrm{d}y)$,其中 $\mathrm{d}x$ 表示无穷小的"x 值之差",$\mathrm{d}y$ 表示无穷小的"y 值之差"。表示无穷小的符号 d 是莱布尼茨在 1680 年左右引入的。图 4.11 中揭示了 $\mathrm{d}x$ 和 $\mathrm{d}y$ 是如何与曲线挂上钩的。

　　由于抛物线的方程是 $y = x^2$,因此它在点 P 处的高度 y 就是 x^2,而它

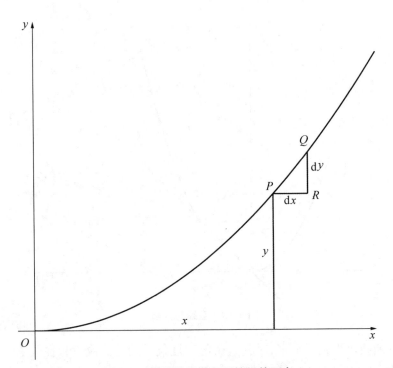

图 4.11　抛物线上的无限接近的两点

在点 Q 处的高度 $y + \mathrm{d}y$ 就是 $(x + \mathrm{d}x)^2$。由此可得

$$\mathrm{d}y = (x + \mathrm{d}x)^2 - x^2 = x^2 + 2x\mathrm{d}x + (\mathrm{d}x)^2 - x^2 = 2x\mathrm{d}x + (\mathrm{d}x)^2$$

现在, 这条曲线在点 P 处的斜率与无穷短线段 PQ 的斜率(即 $\mathrm{d}y/\mathrm{d}x$)之间只有无穷小的差别。我们从刚刚计算出的 $\mathrm{d}y$ 表达式可得

$$PQ \text{ 的斜率} = \frac{\mathrm{d}y}{\mathrm{d}x} = 2x + \mathrm{d}x$$

因此, 无限接近的 (x, y) 和 $(x + \mathrm{d}x, y + \mathrm{d}y)$ 两点之间的斜率与 $2x$ **相差无穷小**。于是, 点 $P(x, y)$ 处斜率的真实值就必定等于 $2x$, 即

$$\text{点 } P \text{ 处的斜率} = 2x$$

4.6 其他曲线的斜率

上述计算抛物线斜率的方法看起来合情合理,并且通过穷竭法可以完全证明其合理性。只要将 dx 选得足够小,就可以使 $\dfrac{dy}{dx}$ 的数值比除了 $2x$ 本身以外的任何数都更接近 $2x$。因此,点 P 处斜率的唯一可能值就是 $2x$。如今,我们会说 $2x$ 是 PQ 的斜率的**极限**。

不过,17 世纪的数学还没有那么精细。$\dfrac{dy}{dx}$ 这个商如此便于计算,以至于它被看成**就是**点 P 处的斜率,尽管这两个无穷小量的商 $\dfrac{dy}{dx}$ 一般而言并不是一个单独的数。无论无穷小量 dx 可能是什么,$\dfrac{dx}{2}$ 无疑也是一个无穷小量,并且除非 $dx = 0$(这种情况下 $\dfrac{dy}{dx}$ 无意义),否则 $\dfrac{dx}{2}$ 必定不等于 dx。因此,对双曲线计算出的 $\dfrac{dy}{dx}$ 的表达式

$$\frac{dy}{dx} = 2x + dx$$

不仅不明确,而且实际上**避开**了 $2x$ 这个值。它表示的是无限接近于 $2x$ 的一个值域。为了得到"正确"值 $2x$,我们显然需要 dx 等于 0——而先前为了能除以 dx,我们已强制规定它**不为零**。

多么令人沮丧! 17 世纪,人们进行了各种各样的尝试来企图解决这一矛盾。其中有些人试图证明 $\dfrac{dy}{dx}$ 是曲线在点 P 处的斜率,比如说洛必达侯爵(Marquis l'Hôpital)在 1696 年的第一本微积分教科书中是这样说的:

> ……两个相差无穷小的量是相同的。

这个假设在几何中就等价于假定点 P 与点 Q 之间的无穷短曲线弧与无穷短直线段 PQ 是相同的。洛必达还认为以下这一点也成立:

……可以将一条曲线看成是由无穷多条无限短直线段组成的。
这两条假设看起来都站不住脚,但是既然它们给出的结果经得起穷竭法
的检验,因此它们就得到了人们的宽容。

有一种比较站得住脚的方法是允许无穷小量小于非零数,但也要接
受"一个数加上无穷小量",比如说 $2x + dx$,并**不**等于 $2x$ 这个数这一结
论。取而代之的是,这两者之间用一个比相等要宽松的概念联系了起来。
费马将这一概念称为**近等**(adequality)。如果我们用符号"$=_{ad}$"表示近
等,那么说

$$2x + dx =_{ad} 2x$$

就是精确的。因此,抛物线的 $\dfrac{dy}{dx}$ 就**近等**于 $2x$。此外, $2x + dx$ 不是一个

数,因此 $2x$ 就是 $\dfrac{dy}{dx}$ **唯一**近等的数。这就是 $\dfrac{dy}{dx}$ 表示的是曲线斜率的真

正意义。

费马在 17 世纪 30 年代引入了近等的概念,但是这超前了他的时代。
他的后继者们不愿意放弃普通等式的便利,宁愿宽松地使用相等,而不愿
意精确地使用近等。一直到 19 世纪,近等的概念才在所谓的**非标准分析**
中得到重生(参见第 4.9 节)。

现在让我们暂时跟随着 17 世纪的潮流,像莱布尼茨或洛必达做的那
样来计算某些曲线的斜率。首先考虑曲线 $y = x^3$。它具有图 4.12 中所示
的形状,但是我们不需要参照这幅图就能计算出点 (x, y) 处的斜率。

由于 $y = x^3$,于是 $y + dy = (x + dx)^3$,因此 $P(x, y)$ 和 $Q(x + dx, y +
dy)$ 两点间的高度差就是

$$dy = (x + dx)^3 - x^3 = x^3 + 3x^2 dx + 3x(dx)^2 + (dx)^3 - x^3$$
$$= 3x^2 dx + 3x(dx)^2 + (dx)^3$$

由此可得,无穷短线段 PQ 的斜率为

$$\frac{dy}{dx} = 3x^2 + 3xdx + (dx)^2$$

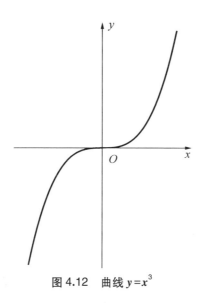

图 4.12　曲线 $y=x^3$

忽略无穷小量 dx，我们就得到

$$点\ P\ 处的斜率 = 3x^2$$

曲线 $y=x^{n+1}$ 的斜率

很容易把上述计算推广到 $y = x^{n+1}$ 的情况，其中 n 为任意正整数。正如我们已经得出

$$(x + dx)^2 = x^2 + 2x dx + dx\ 的更高次项$$
$$(x + dx)^3 = x^3 + 3x^2 dx + dx\ 的更高次项$$

我们还能求得

$$(x + dx)^4 = x^4 + 4x^3 dx + dx\ 的更高次项$$
$$(x + dx)^5 = x^5 + 5x^4 dx + dx\ 的更高次项$$
$$\vdots$$

随着指数 n 增大到 $n+1$，这种模式会继续下去，这是因为假如

$$(x + dx)^n = x^n + nx^{n-1} dx + dx\ 的更高次项$$

那么通过相乘就可以给出

$$(x + \mathrm{d}x)^{n+1} = (x + \mathrm{d}x)(x^n + nx^{n-1}\mathrm{d}x + \mathrm{d}x \text{ 的更高次项})$$
$$= x^{n+1} + (n + 1)x^n\mathrm{d}x + \mathrm{d}x \text{ 的更高次项}$$

因此，曲线上 $P(x, y)$ 和 $Q(x + \mathrm{d}x, y + \mathrm{d}y)$ 两点间的高度差 $\mathrm{d}y$ 就由下式给出：

$$\mathrm{d}y = (x + \mathrm{d}x)^{n+1} - x^{n+1} = (n + 1)x^n\mathrm{d}x + \mathrm{d}x \text{ 的更高次项}$$

于是

$$PQ \text{ 的斜率} = \frac{\mathrm{d}y}{\mathrm{d}x} = (n + 1)x^n + \mathrm{d}x \text{ 的更高次项}$$

最后，令 $\mathrm{d}x$ 消失，我们就得到了 $y = x^{n+1}$ 在点 $P(x, y)$ 处的斜率：

$$\text{点 } P \text{ 处的斜率} = (n + 1)x^n$$

4.7 斜率和面积

无穷小量尽管处于不可能的边缘却不肯消亡,其主要原因就在于具有强烈提示性的莱布尼茨符号。表示无穷小差异的 d 这个符号只是故事的一半,还有一个表示**求和**的符号 $\int$(一个被拉长的 S,现在被称为积分符号)。

无穷小量之和是作为弯曲图形的面积和体积而出现的。例如,假设我们想要求出抛物线 $y = x^2$ 下方位于 $x = 0$ 与 $x = 1$ 这两个值之间的图形的面积(见图 4.13)。

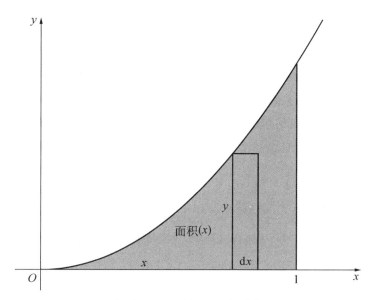

图 4.13　抛物线下方的面积

我们想象将这块面积用高度为 y、无穷小宽度为 dx 的竖条填满,就像图中所显示的那一条那样(只是还要细得多——我们不得不把这个竖条画得相当宽才能把"dx"写在里面)。于是这块曲线下方的面积就等于这些无穷小矩形的面积 $y\,dx$ 相加之和。

用莱布尼茨符号来表示这个面积和就是

$$\int y\mathrm{d}x$$

事实上,这个符号表示的是任何曲线下方的面积。我们用关于 x 的恰当函数代替其中的 y,就得到了对于一条特殊曲线的面积公式。在抛物线 $y = x^2$ 的情况下,这个面积就是

$$\int x^2 \mathrm{d}x$$

我们还必须指定这个求和过程开始和终止的地方。在本例中,它开始于 $x = 0$, 终止于 $x = 1$, 因此我们写成

$$\text{抛物线下方 0 和 1 之间的图形的面积} = \int_0^1 x^2 \mathrm{d}x$$

为了求出这个面积,我们需要求解一个更具一般性的问题,即求出 0 和任意 x 值之间的图形的面积。我们将这个面积表示为"面积(x)",并且通过求出其斜率来求"面积(x)"这个函数。这是很容易做到的,只要将表示无穷小差异的运算 d 作用于面积(x),并以宽松的莱布尼茨方式使用相等:

d 面积(x) = 面积$(x + \mathrm{d}x)$ − 面积(x)

$= x^2\mathrm{d}x$(因为这两个面积之差就是高等于 $y = x^2$ 的一个竖条)

将上式两边都除以 $\mathrm{d}x$, 我们就得到了这个面积(x)函数的斜率:

$$\frac{\mathrm{d}\,\text{面积}(x)}{\mathrm{d}x} = x^2$$

因此,面积(x)就是一个在 $x = 0$ 处值为 0,在 x 取任何值时斜率为 x^2 的函数。

我们已经知道一个在 $x = 0$ 处值为 0,在 x 取任何值时斜率为 $3x^2$ 的函数,即函数 x^3。(我们在前一节中求出了它的斜率。)并且从图 4.14 中可以清晰地看出,任何函数的高度增至原来的 3 倍时,其斜率也增至原来的 3 倍,因此我们想要的一个斜率为 x^2 的函数是 $x^3/3$。

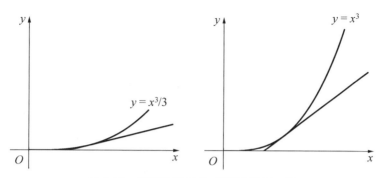

图 4.14　高度增至三倍,斜率也增至三倍

事实上,$x^3/3$ 这个函数恰好等于面积(x),这是因为它们的差 $x^3/3 -$ 面积(x) 在 $x = 0$ 处的值为 0 且斜率为 0,于是它就总是等于 0。

概括来说:我们得到了面积 $(x) = x^3/3$。特别是,面积$(1) = 1/3$,即

$$\int_0^1 x^2 \mathrm{d}x = \frac{1}{3}$$

类似地,我们可以用前一节中得到的曲线 x^{n+1} 的斜率为 $(n + 1)x^n$ 来证明,曲线 $y = x^n$ 下方图形的面积可由函数 $x^{n+1}/(n + 1)$ 给出,因此

$$\int_0^1 x^n \mathrm{d}x = \frac{1}{n + 1}$$

事实证明,这一结果对于找到一个表示 π 的公式是很重要的,我们会在下一节看到这一点。

图 4.15 揭示了 $n = 0, 1, 2, 3$ 时的曲线 $y = x^{n+1}$ 以及它们下方图形的面积。对于 $n = 0$ 的情况,这条曲线就是一条直线;而在 $n = 1$ 时,它是一

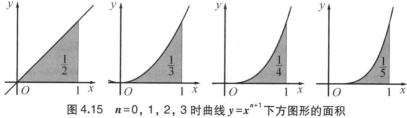

图 4.15　$n = 0, 1, 2, 3$ 时曲线 $y = x^{n+1}$ 下方图形的面积

条抛物线。

微积分基本定理

该基本定理的莱布尼茨形式只不过是无穷小量的和与差之间的"明显"联系：$\mathrm{d}\int y\mathrm{d}x = y\mathrm{d}x$。用文字来表示就是，"相继"和之间的"差"等于这个和中的"最后"一项。不过，所有写在引号里的词都是基于这样一个想象：面积 $\mathrm{d}\int y\mathrm{d}x$ 等于无穷小项 $y\mathrm{d}x$ 的一个有限和。实际上，并不存在这种意义上的"和"，因此也不存在"相继"和，也就没有"最后"一项。

在微积分的严格处理方式中，微积分基本定理有着更加坚实的证明，因为其中必须处理真正的求和，尽管起引导作用的仍然是关于无穷小的想象。这条定理之所以"基本"，是因为它将计算面积的问题归结成了比较简单的求斜率问题。

4.8　π 的数值

在图 4.16 中,长度为 x 的切线 AB 对应于单位圆上的一段其长度被称为 $\arctan x$ 的弧。如果我们将 x 增大一个无穷小量 dx,那么 $y = \arctan x$ 也增大一个无穷小量 dy。我们现在用这张图来证明 $dy = \dfrac{dx}{1 + x^2}$。

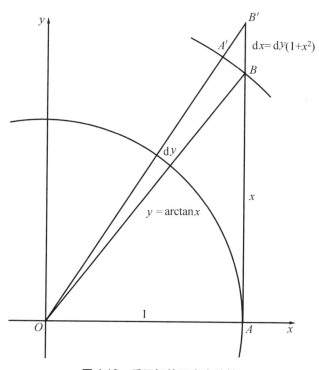

图 4.16　反正切的无穷小特性

在三角形 OAB 中,根据毕达哥拉斯定理可得 $OB = \sqrt{1 + x^2}$。由于 dy 位于一个半径为 1 的圆上,因此它在半径为 OB 的圆上对应的弧 BA' 的弧长就是 $dy\sqrt{1 + x^2}$。

由于弧 BA' 的长度无穷小,我们可以将 $B'A'B$ 看成一个无穷小三角形,它与三角形 BAO 相似,这是因为 OB 和 OA' 这两条直线间的夹角无穷小。由此可推断,无穷短斜边 $dx = BB'$ 是直角边 BA' 的长度 $dy\sqrt{1 + x^2}$ 的 $\sqrt{1 + x^2}$ 倍。这就解释了图中所显示的值 $dx = dy(\sqrt{1 + x^2})^2 = dy(1 + x^2)$,从而给出了我们要求的 dy 值

$$dy = \frac{dx}{1 + x^2}$$

对 x 取值从 0 到 1 时所给出的所有无穷小量 dy 求和,我们就得到

$$\arctan 1 = \int_0^1 \frac{dx}{1 + x^2}$$

现在我们只需要等比级数和微积分基本定理,就可以证明下面这个令人惊异的结果:

$$\frac{\pi}{4} = 1 - \frac{1}{3} + \frac{1}{5} - \frac{1}{7} + \frac{1}{9} - \cdots$$

证明过程如下:

$$\frac{\pi}{4} = \arctan 1 = \int_0^1 \frac{dx}{1 + x^2}$$

$$= \int_0^1 (1 - x^2 + x^4 - x^6 + x^8 - \cdots)dx \quad \text{（根据等比级数）①}$$

$$= 1 - \frac{1}{3} + \frac{1}{5} - \frac{1}{7} + \frac{1}{9} - \cdots \quad \left(\text{因为} \int_0^1 x^n dx = \frac{1}{n + 1}\right)$$

印度数学家在公元 1500 年前后首先发现了这一结果,欧洲数学家则利用微积分基本定理,更具一般性地重新发现了该结果。除此以外,发现公式

$$d \arctan x = \frac{dx}{1 + x^2}$$

---

① 我们用 1 除以 $(1 + x^2)$ 的长除法,可以得出 $\frac{1}{1 + x^2} = 1 - x^2 + x^4 - \cdots$。不过 $1 - x^2 + x^4 - \cdots$ 并不是对 x 的所有值都有意义。对于 $x \in [0, 1]$,级数 $1 - x^2 + x^4 + \cdots$ 是收敛的。——译注

以及发现等比级数

$$\frac{1}{1 + x^2} = 1 - x^2 + x^4 - x^6 + x^8 - \cdots$$

也用到了相似的模式。

　　我们得出的这个结果本身就已精妙绝伦——谁曾想到 π 会以奇数序列的编码形式出现呢？——然而更加令人惊叹的是，它会独立地出现在两种不同的文明中。这不仅表明它是表示 π 的最简单、最自然的公式，也说明 π 与正整数之间的关联不亚于它与几何之间的关联。

4.9 那些死去的量的鬼魂

> ……她等了几分钟，看看自己是否还在继续缩小：她对此感到有点紧张不安。爱丽丝自言自语道："你知道，最终的结局可能是我完全消失，就像一根蜡烛熄灭那样。真不知道那时候我会像什么样子？"然后她又努力想象当蜡烛熄灭后，蜡烛的火焰会像什么样子，因为不记得曾经见过这样的东西。
>
> ——刘易斯·卡罗尔（Lewis Carroll），
> 爱丽丝漫游奇境记（*Alice's Adventures in Wonderland*）

无穷小量拥有一种奇境般的特质，因为我们想让它们像微小的爱丽丝那样，最终的结局是完全消失。但是数学对象有可能会表现出这样的形式吗？数学家加在无穷小量上的那种似非而是的，甚至相悖的表现，在早期常常受到哲学家的批评。我们发现霍布斯[①]在 1656 年攻击牛津大学数学教授沃利斯（John Wallis）所使用的"不可分量"（indivisible，用来确定体积的无穷小立体形薄片）一词：

> 你那本不入流的书《无穷算术》（*Arithmetica Infinitorum*）；你的这些不可分量没有任何作用，既然假定它们是量，它们就应该是**可分的**。

霍布斯反对这样使用无穷小量，他是正确的（即使他不怎么有礼貌），但是他也反对微积分的结果。1672 年，人们发现了一种具有有限体积、无限表面积的立体形，他对此讥讽道：

> ……要认为这种东西是有道理的，并不要求一个人应该是几何学家或逻辑学家，而应该是个疯子。

他这样做是因为他觉得自己更明白事理，事实上他认为自己已解决了一个能挫败最优秀数学家的问题。这个问题不是别的，正是"化圆为方"，或者用我们的术语来说，就是求出 π 的值。霍布斯"解决"这个问题

---

① 托马斯·霍布斯（Thomas Hobbes，1588—1679），英国政治家、哲学家，创立了机械唯物主义的完整体系。——译注

的方法本质上是废弃了圆,宣称点是物理实体,因此它们就具有比零大的尺寸(更详细的情况请参见杰瑟夫(Douglas Jesseph)的《化圆为方》(*Squaring the Circle*)一书)。这段离奇而可悲的插曲使霍布斯成了数学家眼中的笑柄,结果很可能只是增加了他们对于无穷小量自鸣得意的情绪。毕竟,莱布尼茨是一位伟大的哲学家,而他是站在他们一边的。

哲学在 1734 年发动了反击,当时贝克莱主教①写出了对微积分的第一次真正有效的批评。他极为幽默且有力地指出了莱布尼茨、牛顿以及他们的追随者的著作中的各种矛盾之处。贝克莱并没有质疑微积分的结果,事实上他认为,这些结果可以通过更加严格的方法加以证明。但是在他的《分析学家》(*Analyst*)一书中,对于无穷小量的超自然表现,或者牛顿所谓的"转瞬即逝的增量",他又嘲讽道:

> 无论得到的是什么……都会被归因于瞬息变化②:因此就必须预先理解它们。这些瞬息变化是什么?是转瞬即逝的增量的速度?上述这些转瞬即逝的增量又是什么?它们既不是有限量,也不是几乎相当于没有的无穷小量。我们岂不是可以将它们称为那些死去的量的鬼魂吗?

贝克莱的批评直击要害,数学家尝试对此给出答案,但在很长一段时间里都没有取得多大的成功。这个问题比任何人认识到的都要更为深刻,因为它与数和无穷的概念纠缠在一起。正如我们已经看到的,数学家直到 19 世纪末才努力克服了无理数的问题,而我们现在还没有看到无穷带来的所有问题(更多内容请参见第 9 章)。尽管如此,在 1830 年至 1870 年,人们基于函数和极限的概念,找到了一种微积分的可供使用的方法。

这是如今使用微积分的主流方法。这种方法否认无穷小量的存在,

---

① 乔治·贝克莱(George Berkeley,1685—1753),英裔爱尔兰哲学家、圣公会主教,英国近代经验主义哲学的代表人物之一,他开创了主观唯心主义。——译注
② 原文是 fluxion,意思是"不断的变化",在古数学中指"流数"。1665 年,英国物理学家牛顿第一次提出"流数术"(method of fluxions),即后来所说的微积分。——译注

并将"无穷小量"这个词解释为仅仅是陈述中的一种比喻说法,而利用极限就可以恰当地作出这些陈述。例如,"令 dx 为无穷小量"可以重新陈述为"令 Δx 趋向于零"。不过,即使这种主流方法也还是使用了莱布尼茨的符号 $\dfrac{dy}{dx}$ 和 $\int y dx$,因为它们是如此简明且具有提示性。

这导致了一些尴尬的时刻。我们必须把 $\dfrac{dy}{dx}$ 解释为**不是**两个无穷小差值 dy 和 dx 之比——因为无穷小量不存在——而是一个符号,表示在 Δx 趋向于零时比例 $\dfrac{\Delta y}{\Delta x}$ 的极限,其中 Δx 是 x 的一个有限变化量,而 Δy 则是 x 的函数 y 的相应变化量。同样,$\int y dx$ 也不是 $y dx$ 项的真实求和,而是 $y\Delta x$ 项求和的极限。因此,避免无穷小量的代价是一种奇怪的双重符号:Δ 表示实际的差值,而 d(莱布尼茨的鬼魂!)则表示它们的商与和的极限。

对于许多人而言,这是一个折中的解决方案,它无法解释无穷小量为什么会有效。我们有可能定义和使用真正的无穷小量吗?

由于要求无穷小量必须小于任何非零数,但又不是零,因此无穷小量就不是数。不过,它们可以是**时间的函数**,而这看起来是本着正确的精神。例如,函数 $f(t) = 1/t$ 构成了一个很好的无穷小量,因为它趋向于零,而且对于一切足够大的 t,它都小于任何给定正数。函数就像数一样,因为它们可以相加、相减、相乘和相除。而且有些函数的表现完全像数一样,如常值函数,它们在所有时刻 t 都具有相同的值。因此,函数的世界中有些函数表现得像数(常值函数),还有些函数表现得像无穷小量(在 t 趋向于无穷大时趋于零)。

这个更大的世界解决了无穷小量的悖论,但我们掩饰了一个问题。我们还需要无穷小量**有序**。也就是说,如果有两个当 t 趋向于无穷大时趋向于零的函数,那么我们想要其中一个"小于"另一个。例如,我们想要确定 $g(t) = \dfrac{\sin t}{t}$ 和 $g(t) = \dfrac{\cos t}{t}$ 哪一个比较大(见图 4.17)。虽然要一致地作出所有这样的决定很困难,但可以通过高等逻辑方法做到这一点。

图 4.17　哪个函数比较大

美国数学家罗宾逊(Abraham Robinson)在 20 世纪 60 年代第一个完全解决了这一问题。他的系统被称为**非标准分析**,用它成功地给出了一些新的结果。不过,非标准分析的简单程度还比不上原来的莱布尼茨无穷小量微积分,因此人们仍然在继续搜寻一个以一致的方式来使用无穷小量的真正自然的体系。

第5章 弯曲空间

概况预习

我们常常听说古代和中世纪的人们相信地球是扁平的,而推翻这种信仰的人据说是哥伦布①。这是一个虚构的故事。**古代人不仅知道地球是圆的,他们还相信空间也是圆的——这是一个现在的大多数人还觉得不可能的概念。**我们习惯于将圆形认为是空间之中物体的一项特性,比如说圆或球,但却不认为它是空间本身的特性。**显而易见,我们的现代空间直觉需要更多关于各种"不可能"空间形式的体验。**

在这一章中,我们会探索将空间可视化的方法,并从数学上最简单的情况开始——欧几里得几何的无穷空间。这种空间被称为**欧几里得空间**,并且由于类似于欧几里得的平面而被称为**平坦**空间。接下去,我们考虑**球面空间**,这是一个有限的"圆形"空间,但丁②似乎在他的《神曲》中

---

① 哥伦布(Christopher Columbus,1450/1451—1506),意大利探险家、殖民者、航海家,在西班牙的天主教君主的资助下四次横渡大西洋,并且成功到达美洲。——译注

② 但丁·阿利基耶里(Dante Alighieri,1265—1321),意大利诗人、现代意大利语的奠基者、欧洲文艺复兴时代的开拓人物之一。他的代表作是长诗《神曲》(*Divine Comedy*),全诗分成三部分:《地狱》(*Inferno*)、《炼狱》(*Purgatorio*)和《天堂》(*Paradiso*)。——译注

描述过它。我们从数学上通过与球面的类比来描述这种空间。最后,我们考虑**双曲空间**,这是一个甚至比欧几里得空间还要"广阔"的无穷空间。这个空间中包含着双曲平面——比欧几里得平面更加广阔的表面。在一个双曲平面上,通过一个给定点可作出不止一条给定直线的平行线。

球面空间和双曲空间都具有曲率,这与曲面的曲率类似。曲率可以通过线的表现来探测,尤其是通过平行线是否存在以及是否唯一来探测。曲率还为几何学中的一个古老问题提供了答案:欧几里得的平行公理是他的其他公理的一个结论吗?双曲空间的存在让我们能够说**不**,因此,**存在着非欧几何这样一种东西——直到相当近期才被认为有可能存在的事物。**

5.1 平面空间与中世纪空间

> 让我们暂且假定,全部空间都确定是有限的,
>
> 若有人跑到其最远的边缘,用力向外掷出一根长矛,
>
> 会发生什么? 你认为它是会继续全力向外飞去,
>
> 还是会有某物将它阻挡?
>
> 这是一个你无法逃避的两难问题!
>
> 你必须承认有一个无穷的宇宙,
>
> 因为要么存在着挡住你的长矛的物质,
>
> 要么存在着让它继续飞行而通过的空间。对吗?
>
> ——卢克莱修(Lucretius),《物性论》(*De rerum natura*)[①]

卢克莱修恰当而生动地表述了一个几乎每个人都必定在某个时刻会想到过的概念:空间必定是无穷的,因为它肯定不会有终点。他很可能会赞同图 5.1 中所示的这种空间图像,其中显示的是我们想象中假定为无穷的空间的几何结构。空间是三维的、无穷的和**平坦的**。我们会在稍后再讨论更多关于平坦的问题,不过现在暂且认为它的意思就是,空间可以用平的、四四方方的物体(即立方体)来填充。

尽管无穷的平坦空间是很自然会想到的,但是它却与古代的宇宙学相抵触,卢克莱修是在试图驳斥一种普遍的观念。古希腊人相信,宇宙应该反映出圆和球在几何上的完美,并且在他们的想象中,空间是由一个球状的体系构成的。他们思维中的图像(以截面图形式)显示在图 5.2 的左半部分。地球是最中间的球,被 8 个载有已知天体的同心"天"球面包围着,而最外层的球面被称为"宗动天"(Primum Mobile)。(例如"七重天"就是指土星所在的球面。)太阳、月亮、行星和恒星的运动都被归因于运载它们的这些球面的旋转,而宗动天("第一推动力")则控制着它们全部。

---

① 这个标题通常的英译为 *On the nature of things*(即《论物性》),但是罗尔夫·汉弗莱斯(Rolfe Humphries)将它译为 *The way things are*(即《事物的方式》)。——原注

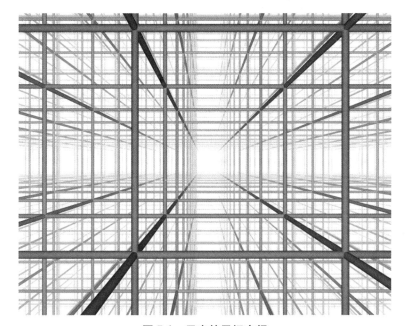

图 5.1 无穷的平坦空间

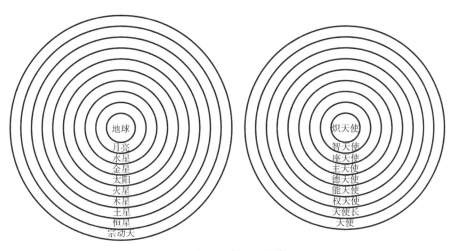

图 5.2　天球和天使球

不知何故,古代的宇宙停止在宗动天,这就是卢克莱修用他的长矛去戳刺的观念。

　　中世纪的神学用**最高天**(Empyrean)——上帝和天使的家园——填

充了宗动天之外的空白（见图 5.2 的右半部分），那是宗动天以外的一个同心"天使"球状结构。上帝是位于最高天最中间那个球的中心处的一束光，从某种程度上来说，与位于地球中心的撒旦相对。

这是一种优雅的、概念式的填充空白方式，但是中世纪宇宙的这左右两个部分很难顺畅地拼合在一起。振振有词地去描述这个宇宙，比描述无穷平坦空间具有更大的富有诗意的挑战性，事实上这是不可能做到的。不过，中世纪却出现了一位能够胜任这项任务的诗人：伟大的但丁·阿利基耶里。但丁的巨著《神曲》中，最著名的部分是《地狱》，但是它的第三部分《天堂》从几何学和天文学的角度来看十分令人着迷。在第二十八诗章中，但丁不仅将最高天看成是天球的**补充**，而且是从地球上可见的天堂的**影像**。他将宗动天作为天球与最高天之间的一个中途阶段，从而在"原型"和"副本"这两个世界之间实现了顺畅的过渡。通过这个有利位置，他看到位于一边的天球是位于另一边的天使球的一个影像。

> 好像一个人还没有发现或预料到，
> 却忽然在一面镜子里看到
> 他背后有一点烛光在闪烁，
>
> 他从那镜子面前转过身，去检验
> 所见之真相，发现镜中景象与火苗一致，
> 就像音符与音乐节拍一致。
>
> ——但丁，《天堂》第二十八诗章第 4—9 行①

掌握了这种有限宇宙的复杂模型，基督教教会得以顽抗无穷空间长达数个世纪。不过最终，无穷的平坦空间还是由于其较大的简单性而得到了人们的普遍接受，尽管对于无穷人们还存在着一些不安。对此我们会在第 9 章中作进一步探究。

20 世纪，宇宙学又回到了有限宇宙的观念。物理学家如今满怀钦佩地回顾但丁的《天堂》，他们在其中看到了对于最简单的有限宇宙的一种

---

① 作者指出，这里的诗文选自马克·穆萨（Mark Musa）的英文译本。——译注

恰到好处的描述。我们现在将这种描述称为"三维球面"。我所知道的第一篇向但丁表示敬意的论文是彼得森（Mark Peterson）发表在《美国物理学杂志》（*American Journal of Physics*）1979 年第 47 期第 1031—1035 页的"但丁与三维球面"（Dante and the 3-sphere）。彼得森提供了几种不同的方式来考虑但丁的宇宙,主要是从一种定性的观点出发。在下一节中,我会提供一种更为定量的途径,将三维球面尽可能忠实地映射到"普通"平坦空间中去。

5.2　二维球面与三维球面

要在平坦三维空间的背景下理解三维球面,观察一下普通球面会有所帮助。数学家称之为"二维球面"。我们考虑这个二维球面的视角是一些认为自己居住在平面上的生物——将他们称为"平面居民"。他们对这个二维球面的体验是怎样的? 他们又会怎样给出自己在一个平面图形中的体验呢?

假如将一位平面居民安置在一个二维球面的北极点 N 处,并且他通过以 N 为圆心走出越来越大的圆圈的方式来探索这个世界(见图 5.3)。这些圆就是我们所谓的"纬度圈"。开始的时候(见图 5.3 左),这些同心圆会具有显著的曲率,而且哪边是"内"哪边是"外"也显而易见。但是到了赤道处(见图 5.3 中),纬度圈看起来会很直。而越过这个圈以后(见图 5.3 右),"内"和"外"就交换了位置,并且南极点变成了圆心。

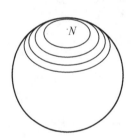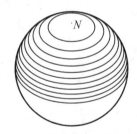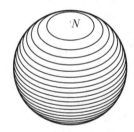

图 5.3　二维球面上的纬度圈

对于这位平面居民而言,在与他的北极出发点"相对"的位置出现了一个点,这会令他大吃一惊,这就好像在空间中相对于地球中心的位置出现了一个点,在我们看来也会觉得很奇怪。(我们是"平坦空间居民"。)不过,这位平面居民可以通过像图 5.4 所示的这样一个平面图形来相当忠实地精确记录他的体验,这个图形中的各圆从一个点 N 层层向外扩张,在此过程中它们的曲率逐渐减小直至变直,然后又向相反方向弯曲,并向着另一个点 S 逐渐收缩。

事实上,假如你将眼睛十分凑近图 5.4 中心处的纸面(或者更好的方式是,凑近一张放大的复印件的中心),那么你就会看到,当从赤道上的一

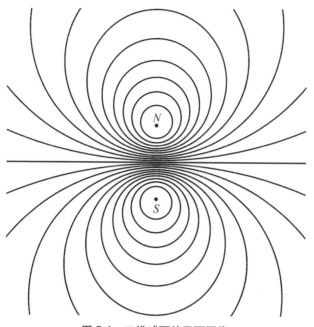

图 5.4 二维球面的平面图像

个点来看时,这个二维球面**从里面**看起来是怎样的。这是因为,图 5.4 是通过图 5.5 所示的被称为"球极平面投影"的过程得到的。

球极平面投影可追溯到大约公元 150 年的托勒玫①,也许还可以追溯到更早 300 年的喜帕恰斯②。这种方法是,从球上的一个点开始,将球投影到该点的相对点与球面相切的一个平面上。

假如这个球是用玻璃制成的,而且在球面上绘有纬度圈,那么从投射点发出的光在平面产生的投影就会具有如图 5.4 所示的图案。(在这里我们是从赤道上的一点作投影,因此 N 和 S 就是两极的影子。)假如让眼睛的位置处在投射点,如图 5.5 所示,那么这样看到的图案就会与从球内

---

① 克罗狄斯·托勒玫(Claudius Ptolemy,约 100—170),古希腊天文学家、地理学家、占星学家和光学家。——译注

② 喜帕恰斯(Hipparchus,约前 190—前 125),古希腊天文学家,他编制出包括 1025 颗恒星的星表,创立了星等的概念,发现了岁差现象,并被认为是三角函数的创始者。——译注

141

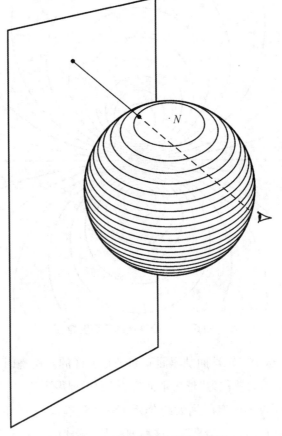

图 5.5　二维球面的球极平面投影

部看起来的完全一样。

　　投影当然不会给出球的一个完全忠实的图像。例如,它将一个有限的圆(赤道)投射成一条无限长的直线。但是球极平面投影将球面上的一个无穷小图形投射成平面上的一个相同形状的无穷小图形,因此它"在局部上是忠实的"。这种特性对于绘制地球上的地图是非常理想的,英国数学家哈里奥特(Thomas Harriot,他是探险家雷利爵士(Sir Walter Raleigh)的助手)在大约 1590 年发现了这项特性。球极平面投影将圆投射成圆(或者在一些例外的情况下投射成直线),因此它也保留了某些大图形的形状。托勒玫就已经知道它可以保有圆的特性。

所有这一切如何能帮助我们理解三维球面呢？是这样的,**在普通的三维空间里存在着三维球面的一种球极平面投影像**。它所具有的一些特性类似于二维球面在平面上的投影像。

- 三维球面上的一系列同心"带纬度二维球面"被映射为空间中的一系列相互嵌套的二维球面。

- 这些球面投影像一开始先从起始点 N 向外扩张,然后似乎向相反方向弯曲,并收缩成第二个点 S——N 的"相对极点"。

要构造出三维球面的这个球极平面投影像,我们只需要将图 5.4 中的每个圆都看成是一个二维球面的赤道。

图 5.6　丁托列托的《威尼斯成为海上女王的寓言》

如果你再观察一下图 5.4 的话,我相信这是很容易想象的。因此我不再赘述,而是准备展示这种概念的一种更具艺术性的形式。在意大利文艺复兴时期的艺术中,同时展示地球和天堂的绘画作品是很常见的,而且艺术家常常设法表现出相对的天球和天使球。事实上,这种概念如此常见,以至于它也出现在世俗主题的绘画作品中。我最喜爱的是图 5.6 所示的丁托列托(Tintoretto)的《威尼斯成为海之女王的寓言》(*Allegory of Venice as Queen of the Sea*)。(我是在阅读施派泽(Andreas Speiser)1925 年出版的《数学经典品读》(*Klassische Stücke der Mathematik*)时,冒出去看丁托列托的绘画这个念头的。施派泽在这本书的开头展示了丁托列托的另一幅绘画,并评论了它与一个画有纬度圈的二维球面内部的相似之处。我认为这幅威尼斯的画看起来更像是一个三维球面。)

5.3 平坦曲面与平行公理

三维球面是**弯曲空间**的一个例子,而二维球面显然是一个弯曲表面,因此我们现在可以通过与二维球面的类比来掌握弯曲空间的概念了。我们总是认为二维球面是弯曲的,因为我们是从"外部"看到它们,此时弯曲度是显然可见的。不过,现在我们还知道了如何从曲面的**内部**探测到弯曲度——可以将这种概念拓展到探测空间的弯曲度,而我们是**不可能**从"外部"看到空间的。从"内部"(或者说**内蕴地**)系统研究一个曲面是由高斯首先开创的,尽管与天文学、航海和土地测量相关的球面内蕴探究要出现的早得多。高斯本人就在 19 世纪 20 年代负责汉诺威王国的土地测量,因此他可能推广了自己对于地球表面的见解。

建立曲面的内蕴几何学的第一项任务是要确定"直线"。在任何光滑的曲面上,如果一条曲线段是其两个端点之间的最短路径,那么将它称为"直线"或**测地线**就是合情合理的。在足够靠近的任意两点 A 和 B 之间,事实上只存在一条**独一无二**的测地线段 AB。在该曲面上从 A 到 B 拉紧一根细线,就用实验方法找到了这条测地线。于是,一条"直线"或**测地线**就可以定义为这样一条曲线,其足够短的各段都是测地线段。

在平面上,测地线就是普通的直线;而在二维球面上,它们就是**大圆**(该二维球面与通过其球心的平面相交而成的圆)。在下一节中,我们会进一步探究这些大圆的几何性质,以及它们如何揭示出球面的曲率。目前,我们把目光转向另一种**平坦曲面**——柱面——上的测地线,以期了解测地线的某些可能被错误地归因于曲率的特性。柱面看上去是弯曲的,但是它不是内蕴弯曲的。

柱面

柱面是一种内蕴平坦的曲面,因为它是通过将平面卷起来而构造出来的,而平面是绝对平坦的。将平面卷起来而使它弯曲的这个事实并**没有**导致柱面内蕴弯曲。居住在柱面上的生物不会发现柱面上的小区域和平面上的小区域之间有什么差别。他们会认为它是"局部平坦的",而内蕴平坦也正是这个意思。我们假设曲面曲率的概念是为了度量曲面**在一个点附近**与平面偏离多少，因此它反映的完全是小区域中的表现。

因此，柱面是平坦的，当然它与平面不完全一样。这种不同在大片区域中变得明显，特别是在测地线的表现上。短的测地线段与平面上的短线段表现相同，但是测地线是一根"卷起来的线"，因此它可以呈现三种完全不同的形式，如图 5.7 所示。

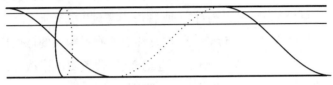

图 5.7　柱面上的测地线

按照图 5.7 中我们对柱体所给定的取向，测地线有以下三种：
- 水平的直线；
- 绕着柱面盘旋的螺旋线；
- 竖直的圆。

由此可见，柱面上的测地线与平面上的直线至少在两个方面表现不同：
- 其中有一些是有限的（圆）；
- 通过同样的两个点，可能存在两条或更多条测地线（例如一条螺旋线和一条水平直线）。

因此，测地线的这两条特性并**不**表明其表面是内蕴弯曲的。为了探测到曲率，我们需要找到发生在小区域内的与平面几何性质的偏离。

我们在第 3 章中已经看到平面几何如何受到平行公理的支配，因此平行公理的那些"小尺度"推论在平面和其他平坦曲面的小区域内仍然成立。毕达哥拉斯定理就是这样一种推论。它对于任意小三角形都成立，从而对于像柱面这样的平坦曲面上的足够小的三角形也成立。因此，探测（比如说球面）存在曲率的一种方法就是，证明对于这一曲面毕达哥拉斯定理不成立。这在原则上是可行的，但是更妙的方法是使用平行公理的另一个小尺度推论：关于三角形内角和的定理。

内角和定理

这条定理陈述的是：**一个三角形的内角和等于两个直角之和**。我们可以借助于两幅图来理解这条定理如何由平行公理推得(见图5.8)。

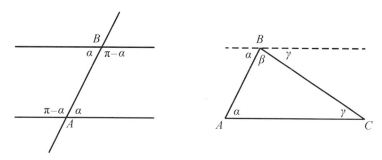

图5.8　受平行公理支配的角度

左图中显示的是一对平行线与一条直线 AB 相交。由于平行线不相交,因此 AB 与这两条平行线相交构成的任一侧的同旁内角之和不可能小于两个直角之和(根据平行公理的欧几里得形式,这在第3.1节中有解释)。唯一的可能性是,任一侧的同旁内角之和都恰好等于两个直角之和,也就是说等于 π。 因此,在 AB 两侧形成的两个角是 α 和 $\pi - \alpha$,如图所示。

现在来考虑右边这幅图:三角形 ABC 具有如图所示的 α, β, γ 三个内角,并添加了一条通过点 B 的直线 AC 的平行线。根据我们刚才从左图中得到的结果,在点 B 一边有另一个 α 角,与此相仿,还有另一个角 γ。 但同时 $\alpha + \beta + \gamma$ 也表示点 B 处的直线,这样就得到 $\alpha + \beta + \gamma = \pi$。 (得证)

在下一节中,我们会证明内角和定理在二维球面上以一种非常有趣的方式失效了,从而知道利用三角形内角和可以探测到曲率。

5.4 球面与平行公理

正如第 5.3 节中提到过的,二维球面上的测地线就是大圆:二维球面与通过其球心的平面相交而成的圆。图 5.9 显示了几个大圆,它们构成了一个**球面三角形 ABC**。

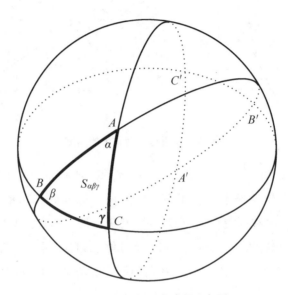

图 5.9　大圆和一个球面三角形

球面上的测地线与平面上的直线至少在三个方面表现不同:

- 它们是有限的闭曲线;
- 某些特定点构成的点对(例如北极和南极)之间可由不止一条测地线连接;
- 不存在平行线,事实上任意两条测地线都相交于两点。

根据从柱面得到的经验,我们知道前两条特性并不能可靠地表明曲面一定有曲率。不过,第三条特性**确实**是这样的一个标志。这条特性意味着,**每个球面三角形的内角和都大于 π**。 因此,二维球面上的一个区域,无论多么小,都不会与平面上的一个区域有相同的表现。

事实上,对于内角分别为 α, β, γ 的任意球面三角形而言,不仅 $\alpha +$

$\beta + \gamma > \pi$，而且 $\alpha + \beta + \gamma - \pi$ 这个差值正比于该三角形的面积 $S_{\alpha\beta\gamma}$。这条美丽的定理——**球面几何学**的关键——是哈里奥特在 1603 年发现的，后来高斯将它拓展为曲面曲率与三角形内角和之间的一种普遍联系①。

哈里奥特证明这条定理的方法是，考虑球面上由两个大圆界定的**切片**（见图 5.10）。通过球心的两个平面从球面上切割出一对完全相同的切片，每一片的面积都正比于这两个平面之间的夹角 α。由此可知，假如 S 是这个球面的总面积，那么角度为 α 的一块球面切片的面积就是 $\dfrac{\alpha}{2\pi}S$。

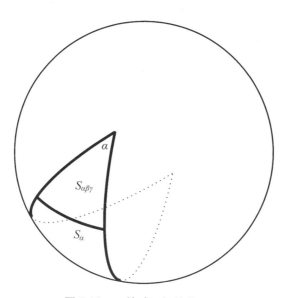

图 5.10　一块球面切片的面积

从图 5.10 可见，面积为 $S_{\alpha\beta\gamma}$ 的三角形与毗邻的面积为 S_α 的三角形共同构成了角度为 α 的一块球面切片，于是

---

① 这一联系称为高斯-博内定理（Gauss – Bonnet theorem）。可参见佐佐木重夫著，苏步青译，《微分几何学》，上海科技出版社，1963；以及冯承天、余扬政著，《物理学中的几何方法》，哈尔滨工业大学出版社，2018。——译注

$$S_{\alpha\beta\gamma} + S_{\alpha} = \frac{\alpha}{2\pi}S$$

同理可得

$$S_{\alpha\beta\gamma} + S_{\beta} = \frac{\beta}{2\pi}S$$

以及

$$S_{\alpha\beta\gamma} + S_{\gamma} = \frac{\gamma}{2\pi}S$$

其中,S_{β} 和 S_{γ} 分别是图 5.9 中与边 CA 和边 AB 毗邻的球形三角形面积。将这三个等式相加,我们就得到

$$3S_{\alpha\beta\gamma} + S_{\alpha} + S_{\beta} + S_{\gamma} = \frac{\alpha + \beta + \gamma}{2\pi}S \tag{5.1}$$

另一方面,将构成球面的八个三角形(见图 5.9)全部相加,就得到

$$2S_{\alpha\beta\gamma} + 2S_{\alpha} + 2S_{\beta} + 2S_{\gamma} = S$$

因此

$$S_{\alpha\beta\gamma} + S_{\alpha} + S_{\beta} + S_{\gamma} = \frac{S}{2} \tag{5.2}$$

将式(5.1)减去式(5.2),得到

$$2S_{\alpha\beta\gamma} = \left(\frac{\alpha + \beta + \gamma}{2\pi} - \frac{1}{2} \right)S = \frac{\alpha + \beta + \gamma - \pi}{2\pi}S$$

由此得到最终结果

$$S_{\alpha\beta\gamma} = (\alpha + \beta + \gamma - \pi)\frac{S}{4\pi}$$

因此,面积 $S_{\alpha\beta\gamma}$ 正比于 $\alpha + \beta + \gamma - \pi$,命题得证。

利用微积分这一数学工具,可以证明一个半径为 R 的球的表面积为 $4\pi R^2$,因此最后得到

$$\frac{S_{\alpha\beta\gamma}}{\alpha + \beta + \gamma - \pi} = R^2$$

我们可以合理地将一个半径为 R 的圆的曲率定义为 $1/R$（半径越大，曲率越小），并将一个半径为 R 的球的曲率定义为 $1/R^2$。$1/R^2$ 称为这个球的**高斯**曲率。我们会在第 5.6 节讨论一些其他曲面的高斯曲率。

上面那个含 R^2 的公式揭示了一个球的高斯曲率可以通过在曲面**内部**测量而求出：三角形的面积及其内角和。它还揭示了**偏离平坦是如何通过内角和偏离 π 而显示出来的**。

5.5　非欧几何

欧几里得明确假定了平面上的直线要具有三条特性，它们是我们现在所谓的**欧几里得平面几何**的主要特征：

- 直线是无穷的；
- 通过任意两点只有一条直线；
- 通过任意直线外一点只有一条直线与它平行。

当"直线"被理解为像柱面或球面这样的一个曲面上的测地线时，我们发现这些特性全都可能失效。尽管如此，球面几何学和柱面几何学并没有被视为"非欧的"——或"不可能的"——因为球面、柱面与欧几里得平面都共存于我们熟悉的欧几里得三维空间之中，这一点在本章开头的图中已经揭示了。困惑了数学家 2000 年的真正有趣的问题在于，平行线的存在性和唯一性是否可由欧几里得平面几何中的其他直线性质推断出来。

假如存在着一种真正的"非欧"几何，那么其中的所有直线都应该是无限的，并且通过任意两点只有一条直线，**但是平行性质却应该以某种方式失效**。直至 19 世纪之前，这种意义上的"非欧"几何从来没有被发现过，而且事实上还有人立志要设法证明这样一种几何是不可能存在的。

意大利耶稣会会士萨凯里（Girolamo Saccheri）在 1733 年出版的《欧几里得清除了一切漏洞》（*Euclides ab omni naevo vindicatus*）一书中进行了最完整的尝试。萨凯里的想法是，要证明任何其他替代选项都会导致矛盾，以此证明平行线的存在性和唯一性。第一种替代选项是根本不存在平行线，而萨凯里也正确地证明了这与所有直线都是无限的这一假设矛盾。另一种替代选项是存在着**不止一条**平行线，在这种情况下较难发现矛盾。萨凯里成功地证明了，假如通过点 P 可作出不止一条平行于直线 l 的直线，那么在点 P 的两边会各存在一条被称为**渐近线**的最近平行线 m_1，m_2（见图 5.11）。

此外，每条渐近线与直线 l 都有一条在**无穷远处的共同垂线**。这听起来很糟糕，但实际上却并不是一个矛盾（而且在欧几里得几何中谈论无

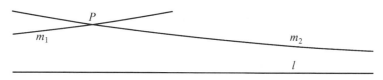

图 5.11 渐近线

穷远处的物体也是无效的)。萨凯里只能摒弃这一点,理由是"它与直线的性质不一致。"事实上,萨凯里已迈出了进入非欧几何的前几步,而后世的数学家将会发现,这些非欧直线的特性不仅没有不一致,反而还很吸引人。在 1733 年至 1800 年,**证明欧几里得的平行公理这个貌似合理但实际上不可能实现的梦想忽遭颠覆,变成了接受非欧世界这个貌似不合理但实际上可能实现的梦想。**

高斯很可能是第一个认真对待非欧几何的人。在晚年缅怀往事时,他声称自己从十几岁时就开始思考这个问题了。不过,他害怕其他数学家的嘲笑,因此当时和后来都没有发表他的结果。第一批公开出版物出现在 19 世纪 20 年代:高斯的朋友们发表了一些不是很重要的论文;俄罗斯的罗巴切夫斯基(Nikolai Lobachevsky)在 1829 年、匈牙利的波尔约(János Bolyai)在 1832 年,对于这一课题分别作出了独立完整的发现。波尔约和罗巴切夫斯基相信自己发现了一个新世界。他们确信如此完整而美丽的世界必定是存在的,尽管他们还没有任何具体的模型可以表示它。以下列出他们发现(或者说重新发现)的非欧世界中的几条特性:

- 三角形的内角和小于 π,内角分别为 α, β, γ 的三角形的面积正比于 $\pi - \alpha - \beta - \gamma$;

- 非欧空间中包含着一些曲面,称为**极限球面**或者"球心在无穷远处的球面"。欧几里得平面几何在这些曲面上成立。此外,球面几何在非欧空间中的有限球面上也成立。因此,非欧几何可以与欧几里得几何及球面几何并存——因为它将两者都包含在内了;

- 球面几何的每个基本公式在非欧几何中都有一个对应公式,只不过正弦和余弦函数被所谓的**双曲**正弦和**双曲**余弦代替。这两个双曲函数是:

$$\sinh x = -\,\mathrm{i}\,\sin \mathrm{i}x = \frac{\mathrm{e}^{x} - \mathrm{e}^{-x}}{2}$$

$$\cosh x = \cos \mathrm{i}x = \frac{\mathrm{e}^{x} + \mathrm{e}^{-x}}{2}$$

　　例如，一个半径为 R 的球面上的半径为 r 的圆，其周长是 $2\pi R\sin(r/R)$。非欧几何中的一个半径为 r 的圆的周长是 $2\pi R\sinh(r/R)$，其中 R 为某个常数。

　　两类平行宇宙的公式——球面的和双曲的——其存在令罗巴切夫斯基深信，这些双曲公式必定描述了某种真实的事物，然而它是什么呢？它应该是一个具有与球面"对立"性质的曲面——一种**非欧平面**，后来被称为**双曲平面**——不过这种曲面直到 1868 年才被发现。为了领悟实现这种**双曲几何**的困难，我们必须更密切地观察各种曲面的几何性质，尤其是要关注**负曲率**这一概念。

5.6 负曲率

在第 5.4 节中,我们将一个半径为 R 的圆的曲率定义为 $1/R$。1665 年,牛顿将这种概念扩展到任何光滑曲线 K 上,他采用的方法是,将 **K 在点 P 处的曲率**定义为在点 P 处"最近似于"K 的圆的曲率。(他所取的这个圆通过点 P,并将曲线上无限接近于点 P 的各点处与曲线垂直的直线交点取为圆心,他还能利用微积分求出这个曲率。)

为了定义一个曲面 S 在点 P 处的曲率,我们来考虑在点 P 处垂直于 S 的所有平面,以及它们与 S 相交的各条曲线。这些曲线被称为曲面 S 在点 P 处的**截线**。在这些截线中,有一条截线具有最大曲率 κ_{max},还有一条截线具有最小曲率 κ_{min}。 这两个曲率被称为**主曲率**,并且可以用各种不同的方式将它们结合起来,用于定义这个曲面的一个曲率。一个很好的组合是它们的乘积 $\kappa_{max}\kappa_{min}$,这个值被称为曲面 S 在点 P 处的**高斯曲率**。为了解释为什么这是一个很好的曲率概念,我们来考虑几个例子。

假如 S 是一个半径为 R 的球面,那么 S 在任意点处的所有截线都是半径为 R 的圆。于是球面就在所有点处都具有高斯曲率 $1/R^2$,正如我们在第 5.4 节提到过的。我们在那一节中还注意到,高斯曲率可以通过在球面**内部**的测量来求得,而这确实是高斯曲率的巨大优势:它是任何光滑曲面的一个**内蕴**性质。这一事实是高斯在 1827 年发现的。

对于一个柱面而言,其主曲率出现在如图 5.12 所示的垂直的截线上。其中之一是一条直线(一个"半径无限长的圆"),它的曲率为零。因此,这个柱面的高斯曲率就是零——与平面一样——而它也确实应该如此,因为从内在来看,柱面是一个平坦的曲面。

球面是一个具有恒定正高斯曲率的曲面,因此一个具有与球面"对立"性质的曲面就应该具有恒定的**负曲率**。负曲率是有意义的,它是一种将像球面这样的一些曲面与像**马鞍面**(见图 5.13)那样的一些曲面区分开来的方法,马鞍面也有两个非零的主曲率。

在球面上,给出主曲率的两个圆的圆心在球面的同一侧。在马鞍面上,给出主曲率的两个圆的圆心分别位于马鞍面的两侧。当两个曲率中

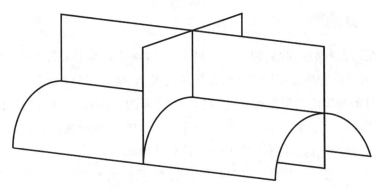

图 5.12　柱面的两条主曲率截线

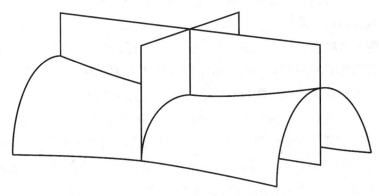

图 5.13　马鞍面的两条主曲率截线

心在相对的两侧时,我们就给它的高斯曲率加上一个负号,这样就从代数上将以上两种情况区分开了。因此,一个马鞍面的高斯曲率就是负的,而任何负曲率表面从局部来看都会类似于一个马鞍面。

　　具有恒定负曲率的曲面是存在的,但是其中没有任何一种能像球面那样容易描述。最著名的例子是名为**伪球面**的曲面。这是一种无限的喇叭状曲面,将一根被称为**曳物线**的曲线绕着水平轴旋转,就得到了伪球面(见图 5.14)。

　　牛顿在 1676 年首先研究了曳物线。将它定义为到一条直线具有恒定切线距离 a 的一条曲线,或者用比较通俗的方式定义为当某人沿着一条直线行走时用一根长度为 a 的绳子拖曳着的一块石头所经过的路径,

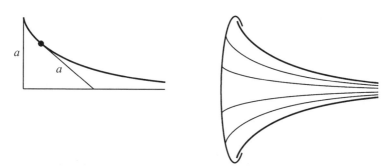

图 5.14　曳物线和伪球面

如图 5.14 的左图所示。曳物线一直光滑地延续到左边的端点,而它的曲率在该点处变得无穷大。伪球面是将曳物线绕着这条直线旋转而得到的,如图 5.14 的右图所示。它具有一个边界圆,是由旋转曳物线的端点勾画出的。17 世纪末,正当数学家对于微积分的新方法欣喜不已之时,曳物线和伪球面的一些很好的特性也被发现了。不过,直到 19 世纪 30 年代,当伪球面的恒定高斯曲率为众人所知时,它的真正意义才被认识到。

　　1840 年,德国数学家明金(Ferdinand Minding)研究出具有恒定高斯曲率的曲面上的三角形各边长度与角度之间的关系,从而得到了**基于假设的非欧平面上的三角形的那些早已为人所知的公式**(事实上,罗巴切夫斯基的这些结果就发表在同一本杂志上,时间是三年前)! 如今我们很难理解为什么这在当时没有引起一场轰动,因为这无疑已经很接近证明非欧几何的真实性了。也许只有罗巴切夫斯基对此感兴趣,又或者明金的结果还不够接近。这个结果揭示了伪球面**局部**与非欧平面相似,并且以该曲面的曳物线截线的形式实现了萨凯里的"渐近线"。不过,伪球面更像非欧柱面,而不是非欧平面,而且只是半个柱面,因为它终止于边界圆处。

5.7 双曲平面

　　由于伪球面的特殊形状,它的"直线"只在一个方向上延伸至无穷远,这与欧几里得对所有直线都无限延伸的要求相去甚远。假如我们沿着伪球面的一条曳物线截线将它裁开,结果得到的只是我们想要的非欧平面的一个无限楔形。事实上,在普通空间中是**不可能**将任何恒定负曲率曲面向所有方向光滑延伸的。这一点直到 1901年才得以证明,但是在 19 世纪就已有人推测存在着这一障碍。1868年,意大利数学家贝尔特拉米(Eugenio Beltrami)找到了一种优雅的方式来绕过它:他不直接研究弯曲表面,而是用它们在平面上的映射像来进行研究。

　　贝尔特拉米从 1865 年开始展开他的这一连串思路。他提出的问题是,哪些曲面能以某种方式映射到平面上,从而使它们的测地线变成直线? 他发现,答案恰恰就是具有恒定高斯曲率的那些曲面。例如,球面上的大圆可以映射为平面上的直线,而获得这种效果(精确而言,是对于半球面)的映射是图 5.15 中所示的**中心投影**。从球心 O 射向任何大圆的光线构成一个平面,这个平面当然与任何其他平面相交于一条直线。因此,从点 O 向一个平面投影,就将各大圆投射成了一条条直线,不过只有半个球面得到了映射。

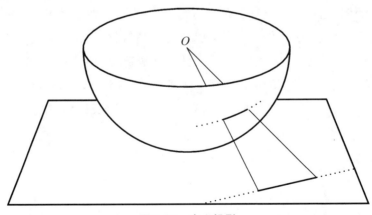

图 5.15　中心投影

负曲率曲面的情形正好相反：曲面的所有部分都得到了映射，但是只映射到部分平面上。事实上，映射像总是自然地与一个开圆盘（即去除了边界圆的一个圆盘）相符。

例如，伪球面的映射像是如图 5.16 所示的一个楔形。伪球面上的渐近曳物线映射成一个楔形，它由相交于该圆盘边界一点处的那些线段所构成。所以这个点就可以看成是它们共同的"无穷远点"。伪球面的圆形截面——它们**不是**测地线，而更像是球面上的纬度圈——映射成一个个椭圆，它们在该楔形端点处与圆盘边界相切。（这些椭圆的点线部分表示"展开"伪球面所得的结果，就好像我们展开一个柱面那样。）

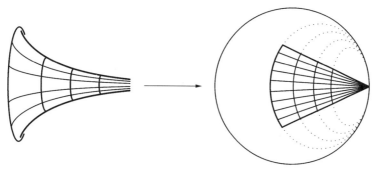

图 5.16 伪球面的保持测地线的映射

显而易见，这个楔形并没有填满整个开圆盘，但是它具有一种至该开圆盘的**自然扩张**。可以将伪球面沿着这些点线椭圆一直"展开"（贝尔特拉米的方法是，想象用一个曲面无限次包裹该伪球面，然后将这个包裹曲面映射到圆盘上），而且每条线段也可以向后延伸到圆盘的另一边。

这个楔形中各点之间的"距离"就为伪球面上相应点之间的距离，并且这种距离概念也自然地扩张到整个开圆盘。我们将它称为**伪距离**。由于圆盘上的线段是伪球面上的测地线段的像，因此圆盘上的每条线段都给出其端点之间的最短伪距离。此外，从开圆盘上任何一点到边界圆的伪距离都是无穷远，因为伪球面的长度是无限的。

于是，可以将开圆盘解释为一个无限的"平面"，平面上的各"点"就是开圆盘上的点，平面上的各"直线"就是连接开圆盘上各边界点的线段,而平面上各"点"之间的"距离"就是伪距离。每条"直线"都是无限的,而且通过任意两"点"只有一条"直线"。但是这个"平面"是非欧的,如图5.17所示。对于任意"直线"$\mathscr{L}$及$\mathscr{L}$外一"点"P,有许多通过点P的直线与$\mathscr{L}$不相交。

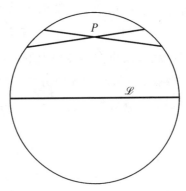

图5.17　双曲平面上的平行线

这个非欧平面称为**双曲**平面。或者更确切地说,它是双曲平面的一个**模型**。因为就像地球有各种各样的地图,双曲平面也有各种各样的映射。不同之处在于,地球可以用一个真实的球体来模拟,然而双曲平面却不存在实体。我们只是通过它的各种模型来了解它,因此也就没有任何理由将其中特定的某个模型选为"真实的"。刚刚描述过的这个模型被称为**射影模型**,它也确实类似于一种射影视图,因为其中的"直线"看起来是直的,而距离和角都被扭曲了。还存在着一些所谓的**共形视图**,这些视图保持了无穷小图形的角度和形状,但是直线的平直性却被扭曲了。

图5.18中显示了双曲平面的两种视图。左边是荷兰艺术家M. C. 埃舍尔的《圆极限Ⅳ》(*Circle Limit* Ⅳ),这是一种共形视图。你可以从图中看到,比如说,所有的翼尖在相接触处都成直角。右边则是将这幅图转换成了射影视图。在两幅图中,根据双曲观念的距离,所有的天使和魔鬼**全都是同样尺寸**的。我们只要数出沿着一条给定曲线躺着多少天使,就可以估算出这条曲线的双曲长度。而两点之间的"直线"就是一条具有最

短长度的曲线,也就是通过天使和魔鬼数量最少的那条曲线。在左图中,这些"直线"是垂直于边界圆的圆弧;在右图中,它们就是普通的直线段。

图 5.18　共形圆盘模型和射影圆盘模型

图 5.19 显示了另一种称为**半平面模型**的共形视图。其中的"直线"是垂直于边界的半圆。

图 5.19　半平面模型

5.8　双曲空间

还有一种类似的具有恒定负曲率的三维空间，称为**双曲空间**，它也有各种各样的模型。其射影模型是一个开三维球，以连接边界球上各点的线段作为"直线"。图5.20显示了双曲空间从内部看起来是怎样的。这一视图的原始版本来自冈恩（Charlie Gunn）。

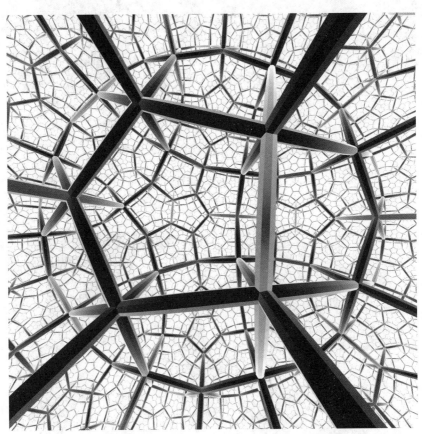

图5.20　双曲空间（取自《非节点》（*Not Knot*, A. K. Peters, 1994)）

我制作了原始图像的一张负像，因为在白色天空衬托下，看起来比黑色天空更清晰。这张视图中的"直线"（这些梁的中心线）看起来确实是直的，但是与这些"直线"**等距离**的点（位于梁的边缘）看起来好像是在曲线上。这揭示了双曲平面的一种奇异特性：与一条"直线"等距离的点并不在一条"直线"上。（在球面上也有类似的情况：与一个大圆等距离的点并不在一个大圆上，而是在一个比较小的圆上。）只有在欧几里得平面上，与一条直线等距离的点才在一条直线上。

这种空间的非欧性质也可以根据多边形内角和来确认。我们可以看到有许多五边形，它们的所有内角都是直角，然而一个欧几里得正五边形的任意内角都等于 $3\pi/5$。

5.9　数学空间与真实空间

> 本书中,我们的主要兴趣是为抽象几何学提供一种具体的对应物。不过,我们不想遗漏这样一个断言:新概念法则的有效性并不依赖于实现这样一种对应物的可能性。
>
> ——贝尔特拉米,"论非欧几何的解释"
> (Essay on the Interpretation of Non-Euclidean Geometry)

非欧几何的发现对于 19 世纪的数学发展产生了深刻的影响,而且也影响了 20 世纪的物理学发展。它迫使数学家去回答数个他们以前一直回避的问题:

- 几何是什么?
- 我们对于空间的思维图像从数学上来说精确吗?
- 真实空间与我们的思维图像相符吗?
- 有不止一种几何的可能性在逻辑上成立吗?

有点令人意外的是,这些问题对数学的影响没有出现得更早一些,比如说当有限宇宙的概念在中世纪世界流行的时候。不管是出于什么原因,17 世纪和 18 世纪科学与数学中的那些重大进展都是在一种坚定的共识下发生的,即欧氏几何(我们现在把它称为**欧几里得**几何)是真实空间的几何,而其他任何空间都是不可能的。伟大的德国哲学家康德①(他对天文学也有重大贡献,在 1755 年提出了太阳系起源的"星云假说")断言几何学是先天综合判断,以此试图解释几何学与现实之间的这种明显的一致。他相信他能够证明,天文学的空间和数学的空间都必然是欧几里得空间②。

---

① 伊曼努尔·康德(Immanuel Kant,1724—1804),德国哲学家、天文学家,德国古典哲学的创始人,星云假说的创立者之一。——译注

② 康德与非欧几何的故事常常被说成是一位哲学家犯了大错,并被数学家揪住不放。我和所有人一样喜欢这种类型的故事,但我并不真正认为康德是其中一例。他被指出的错误之处是给了欧几里得几何一个特权地位,但数学家现在将它作为**平坦**空间的几何学,因此其实也给了它一个特权地位。非欧几何是弯曲表面或弯曲空间的几何学,因此我们完全有权力说,它的"直线"并不真是"直的"——它们只是在某些映射下看起来是直的而已。——原注

康德的观念非常微妙，我不确定能否对其给出恰当的解释。幸运的是，我并不需要这样做，因为**它需要解释的这种一致性并不存在**。我们现在知道，天文学的空间既不是球面空间、欧几里得空间，也不是双曲空间，而是具有**可变曲率**的空间。不过，要确立这一事实，需要进行一些极为精巧的测量。空间的曲率在我们所处的位置是非常小的，但是在如今正在进入观测范围的一些空间区域（比如说黑洞）中却变得显著。即使在地球附近，某些常用的精密仪器也要将空间曲率考虑在内，比如说全球定位系统。

无论如何，在空间曲率首次被探测到之前很久，贝尔特拉米构造双曲平面的过程已经揭示了可能存在着不止一种几何学。贝尔特拉米**假设**欧几里得空间是存在的，并在其中构造出一个非欧平面，这个平面对于"直线"和"距离"具有非标准的定义（即单位圆盘中的线段和伪距离）。这说明波尔约和罗巴切夫斯基的几何学与欧几里得的几何学**从逻辑上来说同样有效**：假如存在着一个空间，其中"直线"和"距离"的表现与欧几里得认为它们具有的形式相同，那么也就会存在着一个曲面，其中"直线"和"距离"的表现就与波尔约和罗巴切夫斯基认为它们可能具有的形式相同。

特别是，平行公理并**不是**欧几里得的其他公理的一个逻辑结果，因为双曲平面满足除了平行公理以外的其他所有欧几里得公理。德国数学家克莱因（Felix Klein）首先清晰阐明了**平行公理的独立性**。他在 1871 年直接通过射影几何学重建了贝尔特拉米的射影模型（以及球面几何和欧几里得几何）。1873 年，克莱因对这种情况描述如下：

> ……非欧几何的意图绝不是要决定平行公理的有效性，而只是要确定**平行公理是不是欧几里得的其余各条公理的一个数学结果**。这些探究对于该问题给出了明确的**否定答案**。因为……其余的这些公理已足以构建出一个理论体系，而欧几里得几何仅作为一个特例包括在其中。

我还没有确切地说明欧几里得的这些公理都是什么，因为直到贝尔特拉米和克莱因作出他们的发现之后，数学家才开始仔细思考这些公理。

只要大家认为欧几里得空间是唯一的空间,那它的那些"明显"特性也就被视为理所当然:有时候被陈述为公理,有时候则被简单地看成无意识的假设。随着双曲几何的发现,毫无疑问,至少存在着两种同等有效的公理体系:其中之一具有平行线的存在性和唯一性(欧几里得几何),还有一种具有平行线的存在性和非唯一性(双曲几何)。可以想象,还有更多的几何被忽略了,因为数学家一旦去仔细研究《几何原本》,就会发现在欧几里得的书中,他作出了许多未明确说明的假设。

希尔伯特 1899 年出版了《几何基础》(*Grundlagen der Geometrie*)一书,这使上述情况非常令人满意地得到了澄清。希尔伯特提出了一组大约 20 条公理,其中包括平行公理。整个欧几里得几何学都可以由这组公理推出。他还证明,用波尔约和罗巴切夫斯基的平行公理(不止一条平行线)来取代欧几里得的平行公理(只有一条平行线),结果给出的正是双曲几何的那些定理。因此,**平行公理正是区分零曲率几何学与恒定负曲率几何学的标志物**。

几何学的算术化

正如上文提到过的,真实空间并**不是**恒定曲率的。其曲率变化方式是由其中的物质分布决定的。这样一个空间的几何性质不容易用描述像"直线"(测地线)这样的大尺度对象行为的那些公理来予以把握。不过,通过与无穷小线段相关的等式,就有可能得到一种简明的描述。这些基本等式利用无穷小量来描述曲率,它们是由高斯的学生黎曼(Bernhard Riemann)在 1854 年给出的。黎曼的研究工作激励了过去 150 年间几何学和物理学的一些最重大进展:从贝尔特拉米对非欧几何的解释,到爱因斯坦的引力理论(广义相对论),这种引力理论通过全球定位系统将弯曲空间带入了人们的日常生活。

我们在第 4 章中看到了无穷小几何学的一些例子,我在此处并不想对这一概念作进一步推进。只需要说,它取决于具有坐标的点,因此取决于**实数**,而数确实对于一切数学物理学都是至关重要的,这就足够了。

从这个角度看,恒定曲率的几何学可以通过一些关于"直线"的公理来处理,因此就显得格外简单。但是这并不意味着通过坐标来处理这些几何学就没有启发性。由于其**代数**特征,恒定曲率的几何学(球面几何、欧几里得几何、双曲几何)作为坐标几何学时也很引人注目。正如我们在第4.5节中看到的,一条欧几里得直线上各点的坐标满足所谓的**线性**方程。线性方程的理论(称为**线性代数**)包含着全部欧几里得几何。实际上,它还包含着射影几何学,因此也就通过球面几何及双曲几何的射影模型而包含着这两种几何。

当用实数来作为坐标时,坐标的数目就是这种几何的**维数**。这就是我们为什么将平面称为二维的,而将空间称为三维的。不过,根据第2章中得出的复数的几何性质,我们还可以预期复数也有其用处。值得一提的是,相较于欧几里得几何,复数甚至更适用于球面几何及双曲几何。事后回顾,甚至有可能用复数的性质来理解双曲几何,这是因为早在1800年就有人在研究复数了,远远早于对双曲几何的讨论。注意到这一点的,是继贝尔特拉米和克莱因之后对非欧几何作出贡献的第三位伟人——庞加莱(Henri Poincaré,1854—1912)。

倘若要在此处解释庞加莱的贡献,就会令我们离题太远,因此我们推荐有兴趣的读者参考《双曲几何的来源》(*Sources of Hyperbolic Geometry*)一书。不过,我们会在下一章中继续讨论复数几何学的内容。我们通过研究这样一个问题来引入话题:三维数存在吗?

第6章 第四维

概况预习

　　空间是平坦的,虽然这是一种很顽固的观念,但是与空间是三维的这种观念相比,它还是比较容易克服的。我们可以想象出弯曲的空间,却**似乎不可能想象出一个与已然相互垂直的三维都垂直的另一个方向**。也许正因为如此,四维几何比非欧几何为人们所知的时间更晚——是在19世纪40年代。

　　即使到了那个时候,第四维的出现也是相当偶然的,这是源自一次企图创造**三维数**的不成功尝试。当时人们已经知道二维数(即复数),而且也知道带绝对值的复数**乘法性质**:$|u||v|=|uv|$。**但是在多于二维的情况下,绝对值的可乘性就意味着上面所描述的这种看上去似乎不可能出现的情况:四个相互垂直的方向。在三维中这确实是不可能的!** 不过还有一个安慰奖。我们逐渐明白,我们相加和相乘的不应该是三元数组,而应该是**四元数组**。

　　结果是,我们得到了一种四维算术——**四元数**(quaternions)。这个数系纵使不具备实数和复数的全部性质,但也具备了它们的大多数性质。将它称为四维,只不过是因为四元数具有四个坐标,而我们并不需要去设想四个相互垂直的坐标轴。不过,当我们讨论这个四维空间时,仍然会有一种无法抗拒的冲动让我们想要使用几何语言。

首先,四元数提供了一种很好的方法来处理三维空间中的对称物体:**正多面体**。不过这又进而导出了**正则多胞形**,这是一族对称的四维物体,它们与正多面体一样值得注意。**于是我们逐渐确信,四维空间不仅仅是四元数的一个集合,它还是一个真正的几何学的世界。**

6.1　数对的算术

　　我们在第 2 章中曾简要提及,在进一步将 (a, b) 解释为平面上的一个点及其几何含义之前,可以先将复数 $a + bi$ 看成是**有序实数对** (a, b)。我们值得再多花一点时间来详述实数对的加法和乘法,因为进行这些运算的能力提高了对三元数组、四元数组等进行类似运算的可能性。

　　爱尔兰数学家哈密顿(William Rowan Hamilton)首先在 1835 年提出将复数当成实数对来处理。这种想法的优点在于将复数的性质简化成了实数的性质——由此就避免了那个神秘的 $\sqrt{-1}$ ——不过这并没有说出或揭示出有关复数的任何新东西。事实上,哈密顿的研究方向其实是要找到一种关于**三元数组**(而后还有四元数组、五元数组等)的算术。他希望他的数对算术会启发 n 元数组(n 为任意正整数)算术,并得到一条普遍法则。

　　哈密顿将数对的加法算术定义为

$$(a_1, b_1) + (a_2, b_2) = (a_1 + a_2, b_1 + b_2)$$

将乘法算术定义为

$$(a_1, b_1)(a_2, b_2) = (a_1 a_2 - b_1 b_2, a_1 b_2 + b_1 a_2)$$

这与我们在第 2.5 节中看到的相同。数对相加和相乘的法则就是复数相加和相乘的法则,只是将每个复数 $a + bi$ 都改写为 (a, b) 的形式。因此它们满足第 3.7 节中的那些代数法则,这是因为复数满足那些法则。出于同样的原因,一对数的绝对值 $|(a, b)| = \sqrt{a^2 + b^2}$ 具有**乘法性质**:

$$|(a_1, b_1)||(a_2, b_2)| = |(a_1 a_2 - b_1 b_2, a_1 b_2 + b_1 a_2)|$$

并且这就相当于丢番图**二次恒等式**(two-square identity):

$$(a_1^2 + b_1^2)(a_2^2 + b_2^2) = (a_1 a_2 - b_1 b_2)^2 + (a_1 b_2 + b_1 a_2)^2$$

　　三元数组相加有一种自然方法,以使得加法的代数定律得到满足。我们会在下一节中讲到这种方法。因此三元数组在代数上的主要问题就是要**定义一种满足代数定律的乘法,从而使其绝对值满足乘法性质**。哈密顿至少花了 13 年时间去搜寻一种定义,然而他想要的东西是不可能实现的!

　　情况比他所知道的更加困难,因为四元数组、五元数组以及事实上所有更高 n 值的 n 元数组都缺乏一种具有这些性质的乘法。尽管如此,哈密顿还是打捞到了一些有价值的东西———一种被称为"四元数"的四元数组算术,这种算术满足除了一条之外的所有代数定律,并且具有可乘的绝对值。

　　如今我们可以比哈密顿那个年代更好地领会他所发现的四元数,这是因为我们现在将它们视为"几乎不可能"。四元数是一种令人惊异的稀世珍品(从 n 维的观点来看,实数和复数也是)。我们可以证明对于更高的 n 值,并不存在像它们这样的东西,只有在 $n = 8$ 的情况下有所接近(参见第 6.5 节)[①]。特别是,我们现在很容易就能理解为什么不存在任何合理的三元数组。

　　三维数不可能存在的原因会在后两节中讨论。

[①]　在 $n = 1$ 时,我们有实数;在 $n = 2$ 时,我们有复实数。在实数扩展为复数后,实数的有序性丢失了,即复数已不能比较大小。在 $n = 4$ 时,我们有四元数,其中的乘法已不可交换,而这一性质正好用来描述刚体定点转动的合成。在 $n = 8$ 时,我们有八元数,或凯莱(Cayley)数,此时的乘法既不可交换又不可结合。在 $n = 10$ 时,我们有十元数,又称克利福德(Clifford)数或狄拉克(Dirac)数,它们在量子场论中有重要应用。参见余福政、冯承天,《物理学中的几何方法》,高等教育出版社,施普林格出版社,1998。——译注

6.2 搜寻适合三元数组的算术

> 1843 年 10 月初的每个早晨,在我下楼去吃早餐的时候,你和你哥哥威廉·爱德华就常常问我:"那么,爸爸,你能将三元数组相乘吗?"对此我总是不得不作出回答,悲伤地摇着头说:"不,我只能将它们相加和相减。"
>
> ——哈密顿爵士写给他儿子阿奇博尔德(Archibald)的信
>
> 1865 年 8 月 5 日

哈密顿知道有一种简单而自然的方法来将三元数组相加,即**矢量相加**,从而拓展了单个实数和双个实数(数对)的加法:若 $v_1 = (a_1, b_1, c_1)$, $v_2 = (a_2, b_2, c_2)$ 则 $v_1 + v_2 = (a_1 + a_2, b_1 + b_2, c_1 + c_2)$。这种加法定义显然可推广到 n 元数组,并且与数的加法具有相同的代数性质:

$$u + v = v + u$$
$$u + (v + w) = (u + v) + w$$
$$u + 0 = u$$
$$u + (-u) = 0$$

请将这些等式与第 3.7 节中列出的那些代数定律作一比较。这里的 **0** 表示**零矢量** $(0, 0, 0)$,而 $-u = (-a, -b, -c)$ 是矢量 $u = (a, b, c)$ 的**加法逆元**或**相反数**。

困难的部分是要定义一种满足代数定律的乘法,从而使 $v = (a, b, c)$ 的绝对值 $|v| = \sqrt{a^2 + b^2 + c^2}$ 具有乘法性质:

$$|v_1|^2 |v_2|^2 = |v_1 v_2|^2 \tag{6.1}$$

其中

$$v_1 = (a_1, b_1, c_1), \quad \text{因此} \quad |v_1|^2 = a_1^2 + b_1^2 + c_1^2$$

且

$$v_2 = (a_2, b_2, c_2), \quad \text{因此} \quad |v_2|^2 = a_2^2 + b_2^2 + c_2^2$$

由此可知,假如 $v_1 v_2 = (a, b, c)$,那么由乘法性质(6.1)可得

$$(a_1^2 + b_1^2 + c_1^2)(a_2^2 + b_2^2 + c_2^2) = a^2 + b^2 + c^2 \qquad (6.2)$$

其中 a, b, c 是 $a_1, b_1, c_1, a_2, b_2, c_2$ 的函数。我们不确定这些函数可能是什么,不过有一件事情是一眼就能看出的:**假如当 $a_1, b_1, c_1, a_2, b_2, c_2$ 都是整数时,a, b, c 也都是整数,那么这样的函数不存在。**如果这些函数存在的话,那么就必定存在着一个**三平方数恒等式**(three-square identity),并且特别地,对于整数 a, b, c,有

$$(1^2 + 1^2 + 1^2)(0^2 + 1^2 + 2^2) = 15 = a^2 + b^2 + c^2$$

但这是不会成立的,只要对所有 $a, b, c < 15$ 的正整数,检验 $a^2 + b^2 + c^2$ 的和就能看出这一点。

这个例子排除了类似于哈密顿的数对之积的任何简单的三元数组乘积。哈密顿当时不知道这一点,因为他花费了许多年去徒劳地搜寻整数值的乘积。显然,他没有阅读足够的数论文献,因为早在几十年前,法国数学家勒让德(Adrien-Marie Legendre)就已研究过 3 个平方数之和。他在他的《数论》(*Théorie des Nombres*)中指出:对于整数 a, b, c,有

$$(1^2 + 1^2 + 1^2)(1^2 + 2^2 + 4^2) = 63 \neq a^2 + b^2 + c^2$$

(这是各因子等于三个**非零**平方数之和的最小例子。)

由此看来,使三元数组乘积具有可乘绝对值的简单算法即使没有完全出局,也没有多少希望了。在下一节中,我们将给出一个决定性证明,对于任何 $n > 2$ 的 n 元数组,完全排除这样一种乘积的可能性。

6.3　为什么 $n \geqslant 3$ 时的 n 元数组不像数

为了决定性地否定三元数组的乘积,我们来考虑可乘绝对值的一些几何后果,正如我们在第 2.6 节中对于数对的乘积所做的那样。我们将三元数组 (a, b, c) 中的数 a, b, c 看成是位于欧几里得三维空间中的一个点,如图 6.1 所示。

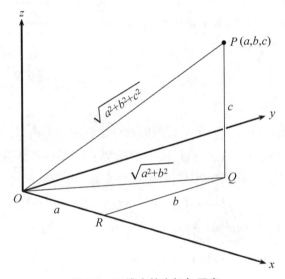

图 6.1　三维中的坐标与距离

于是绝对值 $|(a, b, c)| = \sqrt{a^2 + b^2 + c^2}$ 就是点 $P(a, b, c)$ 到原点 O 的距离。这可以从图 6.1 由毕达哥拉斯定理推出: OQ 是两条直角边长为 a, b 的直角三角形 ORQ 的斜边,因此 $OQ = \sqrt{a^2 + b^2}$ 。而 OP 是两条直角边长为 $\sqrt{a^2 + b^2}$ 和 c 的直角三角形 OQP 的斜边,因此 $OP = \sqrt{a^2 + b^2 + c^2}$ 。

由此可得,如同第 2.6 节中对于数对所做的那样,对于任何三元数组 v 和 w ,都有

$$|w - v| = v \text{ 和 } w \text{ 之间的距离}$$

数学的惊人真相
渴望不可能

并且假如三元数组之乘积满足分配律 $u(w - v) = uw - uv$，那么绝对值的乘法性质就表明

$$uv \text{ 和 } uw \text{ 之间的距离} = | uw - uv | = | u(w - v) | = | u | | w - v |$$
$$= | u | \times (v \text{ 和 } w \text{ 之间的距离})$$

因此，假如三维空间中的所有点都乘以点 u，那么所有的距离都要乘以常数 $|u|$。当 $| u | = 1$ 时，就意味着所有距离都不变。也就是说，**在乘以满足 $|u| = 1$ 的 u 时，空间作刚性运动**。特别是，角度都保持不变。

现在假设存在着一种三元数组之积，它连同矢量加法都满足所有的代数定律。特别是，存在着一个**乘法单位元**：即存在一个点 1，使得 $| 1 | = 1$，且对于任何三元数组 u 都有 $u1 = u$。此外，由于空间是三维的，因此我们可以找到另两个绝对值也为 1 的点 i 和 j。于是 1, i, j 从 O 点指向 3 个相互垂直的方向。图 6.2 显示了这些点以及它们的负元。

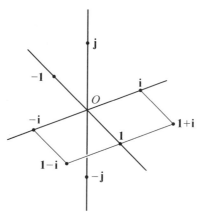

图 6.2　从 O 点指向 3 个相互垂直方向的点

图 6.2 还显示了点 $1 + i$，它到 O 点的距离显然是 $\sqrt{2}$，即一个单位正方形的对角线。因此 $| 1 + i | = \sqrt{2}$，同理可知 $| 1 - i | = \sqrt{2}$。于是根据绝对值的乘法性质以及代数定律可得

$$2 = | 1 + i | | 1 - i | = | (1 + i)(1 - i) | = | 1 - i^2 |$$

这说明 $1-i^2$ 到 O 点的距离为 2。同样再用一次绝对值的乘法性质,我们还有 $|i^2|=|i|^2=1^2=1$。因此点 $1-i^2$ 到 1 的距离为 1。但是到 O 点的距离为 2、到 1 的距离为 1 的**唯一**点是 $1+1$,因此我们必然得到 $i^2=-1$。

同理可证 $j^2=-1$,还可以得到更一般的结论:对于任何点 u,它指向 O 点的方向若垂直于 1 方向,且它的绝对值为 1,则都有 $u^2=-1$。

这里有可疑之处。在普通的代数学中,有谁曾听说过 -1 有这么多平方根吗?矛盾正在逐渐逼近,而取乘积 ij,我们就迎头赶上了。我们并不确切知道 ij 是什么,但我们可判断 ij 与 1 从 O 点指向两个相互垂直的方向。为什么会这样?因为 i 和 j 指向相互垂直的方向,因此(将整个空间乘以 i 后得到)$i^2=-1$ 和 ij 也是如此。

但是,假如 -1 和 ij 指向相互垂直的方向,那么 1 和 ij 也相互垂直。

于是 ij 就是满足 $u^2=-1$ 的点 u 之一。假设代数定律成立,让我们来看看这会把我们引向何方:

$$-1=(ij)^2=(ij)(ij)=jiij \qquad \text{(根据交换律和结合律)}$$
$$=j(-1)j \qquad \text{(由于 } i^2=-1\text{)}$$
$$=-j^2 \qquad \text{(根据交换律和结合律)}$$
$$=1 \qquad \text{(由于 } j^2=-1\text{)}$$

矛盾产生了!因此三元数组的任意乘积都不能满足所有代数定律。(得证)

在上面的论证过程中,我们使用了一个三维的图像,但是我们对于空间的**假设**实际上只有:

- 距离由绝对值给出;
- 至少存在着三个相互垂直的方向;
- 存在一种被称为**三角形不等式**的情况:沿着一个方向行进距离 1,然后再沿着一个不同的方向行进距离 1,结果行进的总距离小于 2。

这些特性在任何维数 $n \geqslant 3$ 的欧几里得空间 $\mathbb{R}^n$ 中都成立。这个空间被定义为由实数构成的 n 元数的集合 $(x_1, x_2, \cdots, x_n)$，矢量的相加运算以及 $(x_1, x_2, \cdots, x_n)$ 与 $(x_1', x_2', \cdots, x_n')$ 两点间的距离由下式给出：

$$| (x_1', x_2', \cdots, x_n') - (x_1, x_2, \cdots, x_n) |$$
$$= \sqrt{(x_1' - x_1)^2 + (x_2' - x_2)^2 + \cdots + (x_n' - x_n)^2}$$

因此我们的论证也说明，当 $n \geqslant 3$ 时，对于 $\mathbb{R}^n$ 中的点而言，不存在任何满足绝对值可乘且所有代数定律都成立的乘法运算。

换一种说法，在任何三维或更高维的欧几里得空间中，普通代数都是不可能成立的。不过，在普通代数的这些灰烬之中，出现了一门不同寻常的四维代数。

6.4 四元数

上文发现的矛盾

$$-1 = (ij)(ij) = jiij = j(-1)j = -j^2 = 1$$

只有在我们至少牺牲一条代数定律的情况下才能避免。哈密顿在1843年也陷入了类似的僵局,并且确定了要绕过这个障碍,破坏性最小的方式就是抛弃乘法交换律。这是因为通过假设

$$ij = -ji$$

就能避免这个矛盾,而且在作出这一假设后也不会出现其他任何矛盾。不过,**ij**这个乘积表示的是什么,这仍然是一个谜。

经过一系列计算实践之后,哈密顿在部分受到代数、部分受到几何的启发之下,开始逐渐确信**ij**是在**第四维**之中,这一维与**1**,**i**,**j**的方向都垂直。他在这样料想时并不知道绝对值相乘的最重要结果,即将整个空间乘以一个绝对值为1的点是一种刚性运动。一旦认识到这一点(正如我们在前一节中那样),哈密顿经历的迂回曲折的发现之路就可以按照以下方式拉直了。

如同第6.3节中一样,假设**1**是乘法单位元,并选择**i**与**j**这两点为从O点指向的两个相互垂直且垂直于**1**的方向。我们已经知道**ij**的方向垂直于**1**的方向。要证明**ij**垂直于**i**和**j**的方向甚至更加容易。我们引入一些恰当的乘法来考虑整个空间的两种刚性运动:

- 第一种运动将每个点u移动到点uj,从而将数对**1**,**i**转换成数对**j**,**ij**。由于**1**和**i**的方向是相互垂直的,因此**j**和**ij**的方向也相互垂直。
- 第二种运动将每个点u移动到点iu,从而将数对**1**,**j**转换成数对**i**,**ij**。由于**1**和**j**的方向是相互垂直的,因此**i**和**ij**的方向也相互垂直。

于是**ij**(哈密顿把它称为**k**)就位于一个"第四维"中。从O点指向

的这一维的方向垂直于 **1**, **i**, **j** 所张成的三维空间中的所有方向。哈密顿认识到，从几何观点来看，认可 **k** 是大胆的一步，但是从代数上来说，这只不过相当于考虑由实数构成的**四元数**。任何由 **1**, **i**, **j**, **k** 这几个**基元**组合而成的 $a\mathbf{1} + b\mathbf{i} + c\mathbf{j} + d\mathbf{k}$ 都可以被视为等同于四元数 (a, b, c, d)，正如复数 $a + bi$ 可以被视为等同于数对 (a, b)。

四元数相加就是通常的**矢量相加**。

$$(a_1, b_1, c_1, d_1) + (a_2, b_2, c_2, d_2)$$
$$= (a_1 + a_2, b_1 + b_2, c_1 + c_2, d_1 + d_2)$$

因为这反映了将基元的组合根据加法定律和分配律相加后所得的结果：

$$(a_1\mathbf{1} + b_1\mathbf{i} + c_1\mathbf{j} + d_1\mathbf{k}) + (a_2\mathbf{1} + b_2\mathbf{i} + c_2\mathbf{j} + d_2\mathbf{k})$$
$$= a_1\mathbf{1} + a_2\mathbf{1} + b_1\mathbf{i} + b_2\mathbf{i} + c_1\mathbf{j} + c_2\mathbf{j} + d_1\mathbf{k} + d_2\mathbf{k}$$
$$= (a_1 + a_2)\mathbf{1} + (b_1 + b_2)\mathbf{i} + (c_1 + c_2)\mathbf{j} + (d_1 + d_2)\mathbf{k}$$

但是 $a_1\mathbf{1} + b_1\mathbf{i} + c_1\mathbf{j} + d_1\mathbf{k}$ 乘以 $a_2\mathbf{1} + b_2\mathbf{i} + c_2\mathbf{j} + d_2\mathbf{k}$ 又是什么呢？我们甚至不清楚这个乘积是否还位于四元数的空间中——比如说，倘若 **jk** 位于垂直于 **1**, **i**, **j**, **k** 的第五个方向又会如何呢？所幸，这一情况并未发生。其他的一些乘积可以根据代数定律（但是不使用乘法交换律）从已知的乘积得出，并且它们都是基元的组合。

例如，**ij** 和 **-ji** 这两个乘积都等于 **k**，由此我们可计算出 **jk** 的值，利用 **k = ij** 有：

$$\mathbf{jk} = \mathbf{j}(\mathbf{ij}) \qquad （因为 \ \mathbf{k} = \mathbf{ij}）$$
$$= \mathbf{j}(-\mathbf{ji}) \qquad （因为 \ \mathbf{ij} = -\mathbf{ji}）$$
$$= -(\mathbf{jj})\mathbf{i} \qquad （根据结合律）$$
$$= \mathbf{i} \qquad （因为 \ \mathbf{j}^2 = -\mathbf{1}）$$

同理我们还可以求出 **kj = -i** 和 **ki = j = -ik**。

现在就可以根据分配律来求任何乘积 $(a_1\mathbf{1} + b_1\mathbf{i} + c_1\mathbf{j} + d_1\mathbf{k})(a_2\mathbf{1} +$

$b_2\mathbf{i} + c_2\mathbf{j} + d_2\mathbf{k}$)的值了。(或者更加精确地说,是根据左分配律和右分配律。当不满足乘法交换律时,这两条分配律我们都需要。)计算过程很长,但也很直截了当:

$$(a_1\mathbf{1} + b_1\mathbf{i} + c_1\mathbf{j} + d_1\mathbf{k})(a_2\mathbf{1} + b_2\mathbf{i} + c_2\mathbf{j} + d_2\mathbf{k})$$

$$= (a_1\mathbf{1} + b_1\mathbf{i} + c_1\mathbf{j} + d_1\mathbf{k})a_2\mathbf{1}$$

$$+ (a_1\mathbf{1} + b_1\mathbf{i} + c_1\mathbf{j} + d_1\mathbf{k})b_2\mathbf{i}$$

$$+ (a_1\mathbf{1} + b_1\mathbf{i} + c_1\mathbf{j} + d_1\mathbf{k})c_2\mathbf{j}$$

$$+ (a_1\mathbf{1} + b_1\mathbf{i} + c_1\mathbf{j} + d_1\mathbf{k})d_2\mathbf{k}$$

$$(\text{利用左分配律 } u(v + w) = uv + uw)$$

$$= (a_1a_2 - b_1b_2 - c_1c_2 - d_1d_2)\mathbf{1}$$

$$+ (a_1b_2 + b_1a_2 + c_1d_2 - d_1c_2)\mathbf{i}$$

$$+ (a_1c_2 - b_1d_2 + c_1a_2 + d_1b_2)\mathbf{j}$$

$$+ (a_1d_2 + b_1c_2 - c_1b_2 + d_1a_2)\mathbf{k}$$

$$(\text{利用右分配律 } (u + v)w = uw + vw)$$

我们并不需要记住这条复杂的法则,因为它是根据基元 $\mathbf{1}$, $\mathbf{i}$, $\mathbf{j}$, $\mathbf{k}$ 相乘的法则推出的。这些基元相乘的法则可以归结为以下等式

$$\mathbf{i}^2 = \mathbf{j}^2 = \mathbf{k}^2 = \mathbf{ijk} = -\mathbf{1}$$

这是哈密顿在 1843 年 10 月 16 日发现的。根据这些等式,**哈密顿对 $\mathbb{R}^4$ 中的元定义了一种满足除了交换律 $uv = vu$ 之外的所有代数定律的乘法运算**。这一发现令他如此兴高采烈,以至于他在想到这个念头时就在恰好路过的一座桥上刻下了这些等式。这座桥是都柏林的布鲁穆桥(Broombridge)。这些雕刻的字符很久以前就已经无处寻觅了,不过这座桥上现在嵌有一块纪念这一事件的石板。参见图 6.3,罗伯特·伯克(Robert Burke)的网站"四元数一日游"(A Quaternion Day Out)上的这张照片,以及这个地方的其他精美照片。

图 6.3　布鲁穆桥上的四元数纪念石板

这块石板本身已遭到侵蚀,不过它看起来应该是这样的①:

> Here as he walked by
> on the 16th of October 1843
> Sir William Rowan Hamilton
> in a flash of genius discovered
> the fundamental formula for
> quaternion multiplication
> $$i^2 = j^2 = k^2 = ijk = -1$$
> & cut it on a stone of this bridge

　　哈密顿将这个四元数组体系以及它们的加法和乘法法则整体称为**四元数**。尽管他对自己选定令 **ij = − ji** 所取得的成功兴高采烈——这弥补了多年来试图将三元数组相乘的徒劳无功——但是他的头脑中仍然对一个问题感到不安:绝对值具有乘法性质吗? 这毕竟是他最初的求索,因此他的全部细心研究结果的成功与否都悬于有一个肯定的回答。

---

① 石板上这些文字的意思是:“1843 年 10 月 16 日,威廉·罗文·哈密顿爵士从此处走过时,在天才的一闪之间发现了四元数相乘的基本公式 **i² = j² = k² = ijk = − 1**,并将它刻在这座桥的一块石头之上。”——译注

6.5 四平方数定理

哈密顿跃进到了第四维,以逃脱三维代数中的矛盾,比如说存在着 **1, i, j, ij** 这四个点,它们位于彼此垂直的方向上。虽然是追求一个可乘绝对值所得的**结果**将他引导到这里的,但是他当时还不知道确实存在着这样一个绝对值。为了得到完全解,他需要定义四元数的绝对值,并证明对于任何四元数 u 和 v,这一绝对值都具有乘法性质 $|u||v| = |uv|$。

我们不难确定 $|a\mathbf{1} + b\mathbf{i} + c\mathbf{j} + d\mathbf{k}|$ 应该是什么。在 $\mathbb{R}^4$ 中可以发现,点 $a\mathbf{1} + b\mathbf{i} + c\mathbf{j} + d\mathbf{k}$ 在 $\mathbf{k}$ 方向的距离 d 处,而 $\mathbf{k}$ 方向与 $a\mathbf{1} + b\mathbf{i} + c\mathbf{j}$ 垂直。而正如我们在第 6.3 节中看到的,$a\mathbf{1} + b\mathbf{i} + c\mathbf{j}$ 在距离 O 点 $\sqrt{a^2 + b^2 + c^2}$ 处。这就给出了一个两条直角边分别是 $\sqrt{a^2 + b^2 + c^2}$ 和 d 的直角三角形,因此毕达哥拉斯定理表明 $a\mathbf{1} + b\mathbf{i} + c\mathbf{j} + d\mathbf{k}$ 在距离 O 点 $\sqrt{a^2 + b^2 + c^2 + d^2}$ 处。于是四元数绝对值的恰当定义就是

$$|a\mathbf{1} + b\mathbf{i} + c\mathbf{j} + d\mathbf{k}| = \sqrt{a^2 + b^2 + c^2 + d^2}$$

为了避免出现平方根,我们将乘法性质写成 $|u|^2|v|^2 = |uv|^2$。假如我们令 $u = a_1\mathbf{1} + b_1\mathbf{i} + c_1\mathbf{j} + d_1\mathbf{k}$ 及 $v = a_2\mathbf{1} + b_2\mathbf{i} + c_2\mathbf{j} + d_2\mathbf{k}$,并根据前一节中的四元数乘法公式来计算 uv,那么乘法性质就变成了下面这个**四平方数恒等式**:

$$(a_1^2 + b_1^2 + c_1^2 + d_1^2)(a_2^2 + b_2^2 + c_2^2 + d_2^2) = (a_1a_2 - b_1b_2 - c_1c_2 - d_1d_2)^2$$
$$+ (a_1b_2 + b_1a_2 + c_1d_2 - d_1c_2)^2$$
$$+ (a_1c_2 - b_1d_2 + c_1a_2 + d_1b_2)^2$$
$$+ (a_1d_2 + b_1c_2 - c_1b_2 + d_1a_2)^2$$

哈密顿从未听说过这样一个公式,因此当他展开等式右边,并看着有 24 项彼此抵消,最后只留下等式左边展开后的 16 项时,还是有些惊异的。因此四元数绝对值确实是可乘的,而且验证除了乘法交换律之外的所有

其他代数定律的过程也是相对直截了当的。

哈密顿的三维数之梦确实是不可能实现的，但是现实其实更为有趣。已知的数系（实数系和复数系）是两个**不寻常的结构**，它们只存在于一维和二维中。而四元数系甚至更加不寻常，它是唯一满足除了乘法交换律之外的所有代数定律的 $n(n>2)$ 维结构。这是德国数学家弗罗贝尼乌斯（Georg Frobenius）在 1878 年首先证明的，但不幸的是，哈密顿没能活着看到这一天。

不过，他得以在有生之年填补了他知识中关于三平方和及四平方和方面的缺漏。他平时常常与他的朋友格雷夫斯（John Graves）讨论 n 元数组的代数学。在他发现四元数和四平方数恒等式后的那一天，他向格雷夫斯描述了这些发现。短短几个月之后，格雷夫斯就发现了一个相似的**八平方数恒等式**，以及一种八元数组的代数学，也就是现在所谓的**八元数**（octonions）。

八元数满足除了 $uv=vu$ 和 $u(vw)=(uv)w$ 之外的所有代数定律，因此它们本身就是一个有趣的故事——只是这个故事太长，很遗憾不能在这里叙述。在 n 维代数学的历史上，它们值得一提的原因是最终决定性地证明了**平方和是关键问题**。

格雷夫斯显然看出这个四平方数恒等式概括了四元数的全部代数，正如丢番图的二平方数恒等式中概括了复数的代数。此外，我们绝不应该预期有一种三元数组的代数，这是因为不存在任何三平方数恒等式。格雷夫斯查阅了数论文献，并向哈密顿作了如下回报：

> 上个星期五，我查阅了拉格朗日［他本意是要说勒让德］的《数论》，并且第一次感到我追踪前辈数学家成就的行动开始得太晚了。例如，我能够确信一般定理
>
> $$(x_1^2 + x_2^2 + x_3^2)(y_1^2 + y_2^2 + y_3^2) = z_1^2 + z_2^2 + z_3^2$$
>
> 是不可能成立的，而这正是勒让德提到的那种方法。他给出的例子正是我想到的那个，即 $3 \times 21 = 63$，而 63 是不可能由三个平方数相加得到的。

随后我还得知

$$(x_1^2 + x_2^2 + x_3^2 + x_4^2)(y_1^2 + y_2^2 + y_3^2 + y_4^2) = z_1^2 + z_2^2 + z_3^2 + z_4^2$$

这条定理是欧拉提出的。

——格雷夫斯写给哈密顿的信，1844 年

摘自哈密顿的《数学论文》(*Mathematical Papers*) 第 649 页①

1843 年之前四元数在哪里

欧拉在 1748 年发现了四平方数恒等式，因此可以认为这是四元数的首次"现身"，这类似于复数在二平方数恒等式中"现身"。事实上，复数与四元数之间的类同之处还要更进一步。像复数一样，四元数对旋转提供了一种自然的表示方式，而在 1843 年之前发现的空间旋转的某些表示方式看起来与 1843 年之后的四元数十分相似。旋转的第一种"类四元数"表示方式是高斯在 1819 年前后发现的。法国数学家罗德里格斯(Olinde Rodrigues)在 1840 年又发现了另一种表示方式。

高斯还注意到了**复数对**中的"四元数"表现——类似于丢番图恒等式中的实数对的"复"表现。他发现四平方数恒等式等价于下面这个**复二平方数恒等式**：

$$(|c_1|^2 + |d_1|^2)(|c_2|^2 + |d_2|^2) = |c_1 c_2 - d_1 \overline{d_2}|^2 + |c_1 d_2 + d_1 \overline{c_2}|^2$$

式中的横杠表示**复共轭**，其定义为 $\overline{a + bi} = a - bi$。我们现在知道，四元数确实可以用乘法运算法则 $(c_1, d_1)(c_2, d_2) = (c_1 c_2 - d_1 \overline{d_2}, c_1 d_2 + d_1 \overline{c_2})$ 以一对复数来定义。

---

① 那个例子出现在勒让德的《数论》1808 年版的第 184 页上。——原注

6.6 四元数和空间旋转

在第 2.6 节中,我们看到复数与平面旋转密切相关。假如 u 是一个满足 $|u| = 1$ 的复数,那么整个复平面乘以 u 就是绕着 O 点将 1 移动到 u 的一个旋转。u 这个数也可以写成

$$u = \cos\theta + i\sin\theta$$

其中的 θ 是 1 和 u 这两个方向之间的夹角(见图 6.4)。

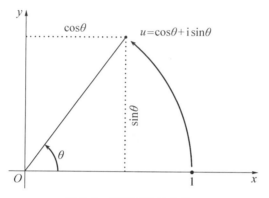

图 6.4　将平面旋转角度 θ

因此将平面旋转角度 θ 的结果可以由乘以 $\cos\theta + i\sin\theta$ 给出。

我们已知道,将四元数的四维空间 $\mathbb{R}^4$ 乘以一个满足 $|u| = 1$ 的四元数 u,相当于一个保持 O 点固定的 $\mathbb{R}^4$ 的刚性运动。鉴于这一点,利用四元数来研究 $\mathbb{R}^4$ 的旋转就很自然了。不过,我们最好先来理解三维空间 $\mathbb{R}^3$ 的旋转,而令人惊喜的是,四元数正适合这项任务(事实上,四元数已成为计算机动画中使用的一种标准工具)。不满足乘法交换律这一性质正是使得四元数适用于表示空间旋转的原因,因为**空间旋转一般并不对易**。

这里给出一个例子。将一个等边三角形放置在这张纸所在的平面上,并考虑对它进行两次旋转所产生的效果:

- 在平面内绕着三角形中心顺时针转 1/3 圈;

- 在空间中绕着通过三角形上方顶点和三角形中心的一条直线转 1/2 圈。

图 6.5 显示了这两次旋转的不同组合效果：上图是先转 1/3 圈，下图是先转 1/2 圈。

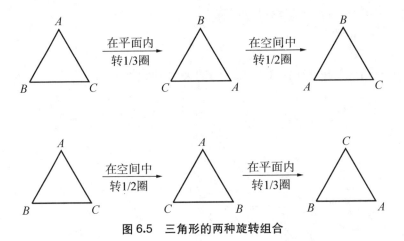

图 6.5　三角形的两种旋转组合

从三角形顶点 A, B, C 的最终位置可以看出，这两种组合是不同的。因此这两种旋转不对易。

空间旋转的四元数表示方式

为了给四元数奠定基础，我们将 $\mathbb{R}^3$ 中的每个三元数组 (x, y, z) 解释成**纯虚数四元数** $x\mathbf{i} + y\mathbf{j} + z\mathbf{k}$。于是我们就把 $\mathbb{R}^3$ 中的坐标轴称为 $\mathbf{i}$ 轴、$\mathbf{j}$ 轴和 $\mathbf{k}$ 轴，并将这个空间本身称为 $(\mathbf{i}, \mathbf{j}, \mathbf{k})$ 空间。我们还要简化四元数符号，将单位四元数 **1** 写成 1，并在乘法中省略因子 1，因此现在典型四元数的写法是 $a + b\mathbf{i} + c\mathbf{j} + d\mathbf{k}$。这样就更加明显地区分了**实数部分** a 与**虚数部分** $b\mathbf{i} + c\mathbf{j} + d\mathbf{k}$，并且写法与复数相对应。

现在平面的旋转就由一个**角度** θ（转过的量）和一个**中心**（固定点，我们总是将它选为 O 点）给定。同理，空间的旋转就由一个**角度** θ 和一根**轴**（即绕着这根轴转过角度 θ）给定。轴上的每一点都是固定的，而我们感兴趣的只有这根轴通过 O 点的情况。在这种情况下，旋转轴可以用它与单位球相交的两点中的任意一点来指定,因此也就是用一个具有 $\lambda\mathbf{i} + \mu\mathbf{j} + \nu\mathbf{k}$ 形式的四元数来指定,其中 $\lambda^2 + \mu^2 + \nu^2 = 1$。

指定旋转轴的四元数 $\lambda\mathbf{i} + \mu\mathbf{j} + \nu\mathbf{k}$ 所发挥的作用,就类似于 $\mathbf{i}$ 这个数在复数 $\cos\theta + \mathbf{i}\sin\theta$ 中所起的作用,后者将平面绕着 O 点旋转了角度 θ。事实上,将空间绕着轴 $\lambda\mathbf{i}+\mu\mathbf{j}+\nu\mathbf{k}$ 旋转角度 θ 的效果由以下四元数产生:

$$\boldsymbol{u} = \cos\frac{\theta}{2} + (\lambda\mathbf{i} + \mu\mathbf{j} + \nu\mathbf{k})\sin\frac{\theta}{2}$$

初看起来,其中的 $\theta/2$ 像是一个错误。这个表达式怎么可能产生旋转角度 θ 的效果呢?这里的解释是,四元数 $\boldsymbol{u}$ 作用于旋转的方式**不是乘法**——这不会将 $(\mathbf{i}, \mathbf{j}, \mathbf{k})$ 空间映射为其本身——而是一种称为**共轭**(conjugation)的映射。这种映射将每个纯虚四元数 $\boldsymbol{q}$ 都转化为 $\boldsymbol{uqu}^{-1}$。

1845 年,凯莱和哈密顿分别独立发现了这种用四元数来表示旋转的方式。凯莱还注意到,罗德里格斯在 1840 年也使用了同一套参数 θ,λ,μ,ν,并且罗德里格斯求两次旋转的组合时所使用的法则本质上就是四元数乘法运算法则。当高斯未经发表的研究大白于天下时,人们发现他本质上也发现了四元数的乘法。

6.7 三维中的对称

三维空间 $\mathbb{R}^3$ 的趣味之一在于,其中容纳了 5 种高度对称的物体。这些物体被称为**正多面体**:正四面体、立方体、正八面体、正十二面体和正二十面体(见图 6.6)。每种正多面体都是由完全相同的多边形面界定的凸立体形:正四面体、正八面体和正二十面体分别由 4 个、8 个和 20 个等边三角形界定;立方体由 6 个正方形界定;正十二面体则由 12 个正五边形界定。正多面体不仅具有正多边形的面,还具有规则的顶角,其规律在于每个顶点处相交的面数都相同:正四面体、立方体和正十二面体每个顶点处有 3 个面相交,正八面体每个顶点处有 4 个面相交,而正二十面体每个顶点处有 5 个面相交。

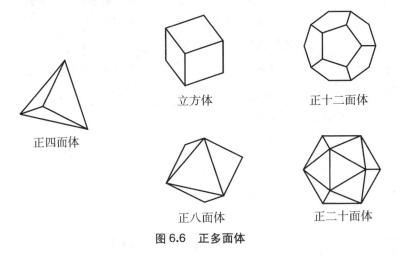

立方体

正十二面体

正四面体

正八面体

正二十面体

图 6.6 正多面体

通过考虑正多边形内角的大小可以证明,只有图 6.6 中的这 5 种多面体既是凸多面体,又在面和顶点两方面都表现出规律性。此外,根据这些情况还可以推断出它们的棱也是规律的,其规律性表现在正多面体各相邻面之间的夹角都相同(比如说立方体各相邻面之间的夹角都是直角)。因此正多面体是稀有的珍宝,它们自古以来就受到几何学家的赞美也就不足为奇了。欧几里得的《几何原本》中的巅峰之作是证明了这 5 种正多面体的存在性和唯一性,而且古希腊人对无理数感兴趣的原因也可能是因为它们出现在正多面体中。

　　只有 5 种正多面体存在,这是一个令人惊讶的事实,因为有无穷多种正多边形——对于每个 $n \geqslant 3$ 的自然数都存在着一个正 n 边形。三维对称性是一种罕见的现象,因为只有这 5 种正多面体是完全对称的。这样讲的意思是,正多面体的所有面(或所有顶点,或所有棱)看起来都彼此相同。此外,这 5 种正多面体之间又仅有 **3 种类型**的对称,因为立方体和正八面体具有同一种对称类型,正十二面体和正二十面体的对称类型也相同。

　　图 6.7 揭示了立方体和正八面体具有同一种对称类型的原因,图中正八面体的每个顶点都位于立方体的一个面的中心。任何物体的**对称性**是指物体在经过一种运动后看起来与原先相同。例如,立方体的一种对称性是绕着一根通过两个相对面中心的直线旋转 1/4 圈。从这张图中显然可以看出,立方体的每种对称性也是正八面体的一种对称性,反之亦然。

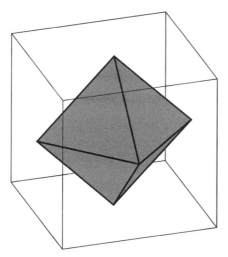

图 6.7　正八面体和立方体

　　如果将正二十面体的各顶点置于正十二面体的各面中心,我们同样可以看出,正十二面体和正二十面体具有同一种对称类型。因此"对称类型"这个概念是一种可以用各种方法实现具体化的抽象概念。立方体和正八面体是体现同一种抽象的对称类型的两种物体——你可以说它们将这种对称类型**具体化**了——我们会在下一节中看到,对称类型也可以通过代数方法来把握,即通过四元数的一些有限集。

正四面体具有一种完全属于它自己的对称类型。这指的是它的对称性相当于立方体"对称性的一半"。这是因为可以将一个正四面体用如图 6.8 所示的方式置于一个立方体内部,从而使它的所有对称性都是立方体的对称性,但立方体的对称性中只有一半是正四面体的对称性。立方体有 12 种对称性能将正四面体映射成它自身——我们会在下一节中一一列出——还有 12 种对称性则不能做到这一点。

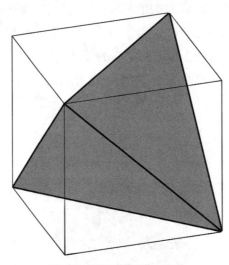

图 6.8　正四面体和立方体

6.8　四面体对称与正二十四胞体

我们在本节中的目标是,将正四面体的 12 种对称性描述为 $\mathbb{R}^3$ 中的明确旋转,然后再检验将它们表示为 $\mathbb{R}^4$ 中的一个点集的那个四元数集合。正如我们将会看到的,这 12 种旋转对应于 24 种四元数——每种旋转对应两种四元数——它们构成了一个高度对称的点集。将这 24 个点中的每一点分别与其相邻点用棱、面和胞连接起来,就形成了一种称为正二十四胞体的四维物体,它在几何上和代数上都有着非凡的趣味性。

但是首先,为什么正四面体具有 12 种对称性? 理解这个问题的一种方法是选定一个固定的四面体位置——就好像在空间中有一个"四面体洞"——然后计算有多少种方式可以将四面体嵌入这个洞。由于正四面体的任一面都与其他所有面相同,因此我们可以选择 4 个面中的任意一面与这个洞的一个固定面相一致,比如说**前面**。这 4 个面中的每一个可以置于前方的面都有 3 条边可以与一条给定的边相一致,比如说这个洞的前面的那条**底边**。

这样就给出了该四面体可以占据同一位置的 $4 \times 3 = 12$ 种不同方式,每种方式都对应于一种不同的对称性。但是一旦你选择了将一个特定的面作为前面,并选择了将这个面上的一条特定的边作为底边,那么这种对称性就完全确定了。因此恰好共有 12 种对称性,其中每一种都可以从一个给定的初始位置开始,通过一次旋转而得到。这些旋转是绕着两类旋转轴进行的,如图 6.9 所示。

首先是**平凡旋转**(trivial rotation),这类旋转产生**恒等对称**(identity symmetry),是(绕任何轴)旋转角度为 0 时得到的。然后是 11 种**非平凡旋转**(non-trivial rotation),这些旋转又分为两种不同的类型:

- 第一种类型是绕着一根通过正四面体两条相对棱中点(也通过立方体两个相对面中心)的轴旋转 1/2 圈。这样的轴共有 3 根,因此这种类型的旋转也有 3 种。
- 第二种类型是绕着一根通过正四面体一个顶点及其相对面中心(也通过立方体两个相对顶点)的轴旋转 1/3 圈。这样的轴共有 4

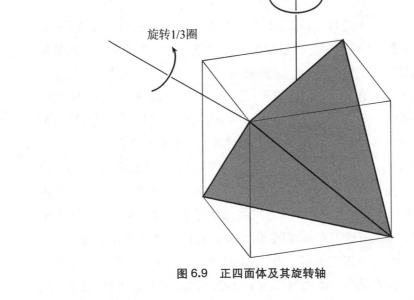

旋转1/2圈

旋转1/3圈

图 6.9　正四面体及其旋转轴

根,因此这种类型的旋转就有 8 种——因为顺时针旋转 1/3 圈和逆时针旋转 1/3 圈是不同的。

另外请注意,每次旋转 1/2 圈都会使 4 个顶点都发生移动,而每次旋转 1/3 圈却有一个顶点固定不动而只移动其余 3 个。因此这 11 种非平凡旋转都互不相同,再加上那一个平凡旋转,就解释了正四面体的所有 12 种对称性。

用四元数来表示四面体的旋转

正如在第 6.6 节中提到过的,将 $(\mathbf{i}, \mathbf{j}, \mathbf{k})$ 空间绕着旋转轴 $\lambda\mathbf{i} + \mu\mathbf{j} + \nu\mathbf{k}$ 旋转角度 θ 的旋转对应于四元数

$$\cos\frac{\theta}{2} + (\lambda\mathbf{i} + \mu\mathbf{j} + \nu\mathbf{k})\sin\frac{\theta}{2}$$

假如我们选择恰当的坐标轴,使图 6.9 中的立方体的各条棱分别平行于 $\mathbf{i}$ 轴、$\mathbf{j}$ 轴和 $\mathbf{k}$ 轴,那么这些旋转轴差不多就可以立即得出了,并且与它们

所对应的四元数也很容易找到。

- 我们可以取通过立方体各相对面中心的直线为 **i** 轴、**j** 轴和 **k** 轴。对于旋转 1/2 圈的情况，角度 $\theta = \pi$，于是 $\theta/2 = \pi/2$。因此，既然 $\cos\dfrac{\pi}{2} = 0$、$\sin\dfrac{\pi}{2} = 1$，那么绕着 **i** 轴、**j** 轴和 **k** 轴的 1/2 圈旋转就由 **i**、**j** 和 **k** 这些四元数本身给出。

  此外，假如 **i** 轴是一根旋转轴，那么它的"另一半"$-$**i** 轴就也是一根旋转轴。于是绕着这根轴旋转 1/2 圈也可以用四元数 $-$**i** 来表示。因此，3 种 1/2 圈旋转可以由下列 3 对相反数表示[①]：

$$\pm\mathbf{i}, \quad \pm\mathbf{j}, \quad \pm\mathbf{k}$$

- 考虑到 **i** 轴、**j** 轴和 **k** 轴的选择，通过立方体各相对顶点的 4 根旋转轴就对应于 4 对相反数。它们共同构成了下列 8 种组合：

$$\frac{1}{\sqrt{3}}(\ \pm\mathbf{i}\ \pm\mathbf{j}\ \pm\mathbf{k})\ (\text{"}+\text{"号和"}-\text{"号的选择是独立的})$$

  $\dfrac{1}{\sqrt{3}}$ 这个因子是为了遵循表示旋转的规定，让这些四元数都具有绝对值 1。

- 对于每种旋转 1/3 圈的情况，我们有角度 $\theta = \pm 2\pi/3$，因此

$$\cos\frac{\theta}{2} = \cos\frac{\pi}{3} = \frac{1}{2}, \quad \sin\frac{\theta}{2} = \pm\sin\frac{\pi}{3} = \pm\frac{\sqrt{3}}{2}$$

从 $\cos\dfrac{\pi}{3}$ 和 $\sin\dfrac{\pi}{3}$ 的值可以看出，这里的直角三角形是等边三角形的一半（见图 6.10）。

---

① 事实上，按前述四元数 *q* 给出的旋转把点 *q* 转至 uqu^{-1}，那么四元数 $-q$ 则把点 *q* 转至 $(-u)q(-u)^{-1}$，因此 $\pm q$ 给出同一旋转。更精确地说，四元数给出了 $\mathbb{R}^3$ 的旋转群的双值表示，或旋表示。参见冯承天、余扬政著，《物理学中的几何方法》，哈尔滨工业大学出版社，2018。——译注

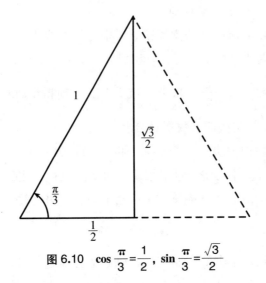

图 6.10　$\cos\dfrac{\pi}{3}=\dfrac{1}{2}$, $\sin\dfrac{\pi}{3}=\dfrac{\sqrt{3}}{2}$

$\sin\dfrac{\pi}{3}$ 里的 $\sqrt{3}$ 与旋转轴中的 $1/\sqrt{3}$ 巧妙地相互抵消了,而且我们还发现,8 种 1/3 圈旋转可以表示为 16 个四元数中的 8 对相反数

$$\pm\frac{1}{2}\pm\frac{\mathbf{i}}{2}\pm\frac{\mathbf{j}}{2}\pm\frac{\mathbf{k}}{2}$$

最后,恒等旋转表示为 ±1 这对数,因此正四面体的 12 种对称性就可以由下列 24 个四元数表示:

$$\pm1,\ \pm\mathbf{i},\ \pm\mathbf{j},\ \pm\mathbf{k},\ \pm\frac{1}{2}\pm\frac{\mathbf{i}}{2}\pm\frac{\mathbf{j}}{2}\pm\frac{\mathbf{k}}{2}$$

正二十四胞体

这 24 个四元数在 $\mathbb{R}^4$ 中到 O 点的距离都为 1,并且它们的分布方式具有高度的对称性。事实上,它们是一个类似于正多面体的四维图形——一个**正则多胞形**(regular polytope)——的顶点。这种特殊的多胞形称为**正二十四胞体**(24 - cell)。它的各棱是将各顶点与最邻近顶点相连的线段,它的各**面**是成对相连的棱所围成的三角形,这些面又围成 24

个正八面体,这些八面体界定了该正二十四胞体,其界定方式就如同面界定了多面体、边界定了多边形。("多边形""多面体"和"多胞形"这些名字,大致上说的就是其边界是由什么构成的:它们分别来自希腊语的"许多角""许多面"和"许多胞形"。)

$\mathbb{R}^4$ 中只有 6 种正则多胞形,在下一节中我们会解释正二十四胞体在它们之中的容身之处。

6.9　正则多胞形

我们无法直接把四维的多胞形直观化,不过我们可以通过它们在三维空间中的"投影",对它们在很大程度上有所了解。这与我们通常了解多面体的方式很相似。我们相当习惯于通过二维图像来感知三维物体——这毕竟是我们的眼睛所看到的。正多面体当然可以通过它们的投影辨别出来,我们从图 6.11 中所示的正四面体、立方体和正八面体的投影就可以看出这一点。这些投影是由放置在多面体之外、靠近一面中心的一个点光源的投射造成的。它们也相当于当你从透过多面体的一个面向里看时所看到的样子——距离要足够近,才能通过该面看到所有其他各面。

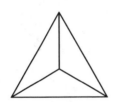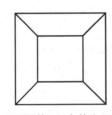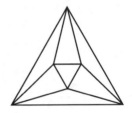

图 6.11　正四面体、正方体和正八面体的投影

例如,正四面体的投影是一个大三角形内部有 3 个较小的三角形。这 4 个三角形就是正四面体 4 个面的投影。

在所有维度中,这 3 种多面体都存在着类比的形状,四维空间中的类比形状分别称为**四维单形**(4 - simplex)、**四维立方体**(4 - cube)、**四维正轴体**(4 - orthoplex)。图 6.12 显示了它们在三维空间中的类比投影。当然,这些图片实际上都是平面的,但是我们将它们看成是三维空间中的框架结构。当你从近距离透过多胞形的一个胞形向里看时,所看到的四维物体的样子就是这个框架。

框架中勾勒出**胞形**的这些细杆是多胞形边界胞形的投影。例如,四维单形的投影是内部有 4 个较小四面体的一个大四面体。这 5 个四面体就是该四维单形的 5 个边界四面体的投影。四维立方体和四维正轴体互

数学的惊人真相

渴望不可能

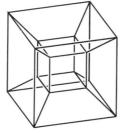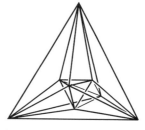

图 6.12　四维单形、四维立方体、四维正轴体的投影

为**对偶**,就像立方体和正八面体互为对偶一样。也就是说,四维立方体的胞形中心就是一个四维正轴体的顶点,反之亦然。

　　图 6.13 显示了正二十四胞体的投影。这幅图片取自希尔伯特和科恩-沃森(Cohn-Vossen)的经典著作《几何与想象》(*Geometry and the Imagination*)[①]。它由一个大的正八面体及其内部的 23 个较小的正八面体构成——正二十四胞体的 24 个边界八面体的投影。正二十四胞体在三维空间中没有对应形状,在任何高于四维的维度中也没有对应形状。

　　事实上,在 $n > 4$ 的每个 $\mathbb{R}^n$ 中都只有三种正多胞形:即正四面体、立方体和正八面体的类比图形。("多胞形"这个词用来表示四维及以上所有维度中的多面体类比形状。)而且只存在着 5 种**其他**正多面体和正则多胞形:$\mathbb{R}^3$ 中的正十二面体和正二十面体,$\mathbb{R}^4$ 中的正二十四胞体及另外两种分别被称为正一百二十胞体(120 – cell)和正六百胞体(600 – cell)的形状。正如它们的名字所表明的,后两种多胞形分别由 120 个胞形(它们恰好都是正十二面体)和 600 个胞形(它们恰好都是正四面体)界定。正一百二十胞体和正六百胞体互为对偶,而正六百胞体的 120 个顶点与正二十面体的对称性成对地形成对应关系。要构造出真正清晰的正一百二十胞体和正六百胞体的图形看来几乎是不可能的——构造它们的三维

---

① 　此书中译本 2013 年由高等教育出版社出版,译者王联芳,中译本书名为《直观几何》。——译注

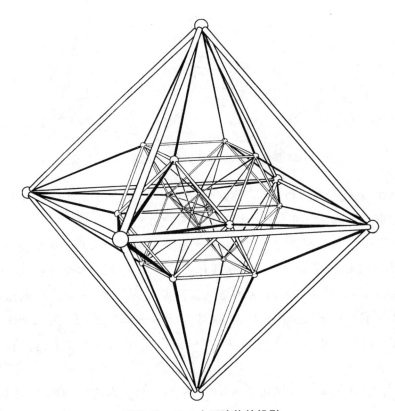

图 6.13　正二十四胞体的投影

投影的模型要好些——不过有一些有趣的尝试,可参见考克斯特(H. S. M. Coxeter)的《正多胞形》(*Regular Polytopes*)一书,或者笔者的文章《正一百二十胞体的故事》(*The Story of 120 - Cell*)。

瑞士数学家施莱夫利(Ludwig Schläfli)在 1852 年发现了所有维度中的正多胞形。特别是,施莱夫利发现了正二十四胞体、正一百二十胞体和正六百胞体,并证明了它们是除了正四面体、立方体和正八面体的较高维类比形状之外仅有的正则多胞形。他还发现了在高于三维的维度中的所有**规则空间铺陈**。这些铺陈是图 6.14 所示的用正方形、等边三角形和正六边形进行规则平面铺陈的类比,而用立方体铺陈 $\mathbb{R}^3$ 则显示在图 5.1 中。用等边三角形和正六边形铺陈平面是特殊情况,因为它们在更高维度中没有类比图形,并且从一种铺陈的顶点是另一种铺陈的面的中心这种意义上来说,它们是对偶的。

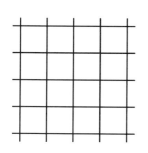 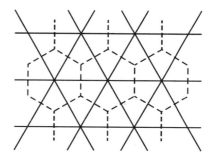

图 6.14　规则平面铺陈

正方形和立方体铺陈可推广到用 n 维立方体来规则铺陈 $\mathbb{R}^n$。n 维立方体的顶点是由整数构成的 n 元数。不过除了每个 $\mathbb{R}^n$ 中的这种"显而易见"的铺陈以外,只存在着另外两种规则空间铺陈,都是在四维的情况下。其中之一将 $\mathbb{R}^n$ 分成正二十四胞体,另一种是它的对偶——将每个正二十四胞体用其中心处的点来代替而得到。得到的这些点是可用来规则铺陈 $\mathbb{R}^4$ 的四维正轴体的顶点。通过选择适当的坐标轴,这些可用于铺陈的正轴体顶点就是具有以下形式的四元数:

$$a\left(\frac{1}{2}+\frac{\mathbf{i}}{2}+\frac{\mathbf{j}}{2}+\frac{\mathbf{k}}{2}\right)+b\mathbf{i}+c\mathbf{j}+d\mathbf{k}\qquad \text{其中 } a,\ b,\ c,\ d \text{ 都是整数}$$

第7章　理想

概况预习

在这一章中,我们回过头来论述第一章开始讨论的正整数 1, 2, 3, 4, 5, …。虽然自那时起我们已经看到数的概念是如何在应对各种各样需求和危机的过程中发生了扩展,但是我们还没有去研究正整数本身的许多特性。

正整数与实数的不同之处在于,正整数中有一些无法"分"成乘积的"原子"。它们就是**素数**,而且它们是正整数所具有的许多特性的关键所在,原因就是**唯一素因子分解**:每个大于 1 的整数都只能用一种方式写成几个素数之积。

唯一素因子分解(本质上)出现在欧几里得的《几何原本》中。然而,除此之外,在 1640 年费马宣布了关于素数及方程解的几条令人吃惊的定理以前,人们对于素数几乎一无所知。一个多世纪以后,欧拉和高斯将整数"分解"成复整数,例如将 $x^2 + 2$ 分成 $(x + \sqrt{-2})(x - \sqrt{-2})$,从而解释了费马的这些定理。

不过,复整数只在它们可以唯一分解成复素数时才有帮助。有些复整数**不具有**这种性质,例如 $a + b\sqrt{-5}$ 这个数,其中的 a 和 b 是普通整数。因此就此而言，复整数似乎再也不可能享有唯一素因子分解的优势了。德国数学家库默尔（Ernst Eduard Kummer）在 19 世纪 40 年代发现了这一障碍，并发挥出唐吉诃德式的精神，提出要向它挑战。

库默尔相信，只要将素数分成他所谓的"理想素数"，就可以治愈这些表现恶劣的素数。当他第一次使用他所向往的这些"理想素数"时，甚至还不知道它们是否存在！我们会解释如何通过复素数的最大公因子来找到它们。这种方法很好地与欧几里得处理普通素数的方法联系了起来。

7.1 发现与发明

　　我们谈论发明,更准确的说法应该是谈论发现。这两个词之间的区别众所周知:发现关注的是一种现象、一条定律,是一种业已存在但尚未被感知到的东西。哥伦布发现了美洲:在他之前,美洲就存在;与之相反,富兰克林发明了避雷针:在他之前,从未存在过什么避雷针。

　　事实证明,这种区别并没有初看起来那么显而易见。托里拆利观察到,当有人将一根封闭的管子倒插入水银槽,水银就会上升到某一确定的高度:这是一项发现;不过,他在这样做的过程中发明了气压计。有大量科学结果的实例,它们作为发现的方面完全相当于它们作为发明的方面。

——阿达马(Jacques Hadamard),

《论数学领域中的发明心理学》

(*An Essay on the Psychology of Invention in the Mathematical Field*)

　　阿达马的这些关于发明与发现的评论会引起许多数学家的共鸣,但是发明与发现在数学中的差异是什么呢? 简略地说,数学家普遍相信数学结果都是被发现的,而语言、概念和证明则是为了讨论和交流这些结果而发明的。这些人类的发明远不能体现数学事实,它们更像是用于接近数学事实的一种就事论事的、临时的手段。通过词语和符号来掌握一种数学事实可能会很难,可是一旦你"明白"了,这一事实实质上就变得独立于语言之外了。图片可以提供帮助。当我们在一本中国或印度的书中看到毕达哥拉斯定理时,即使不懂其中的语言,我们也很容易把它认出来,而且我们认识到有数百种不同的证明(收录于卢米斯(Loomis)的《毕达哥拉斯命题》(*The Pythagorean Proposition*)一书中)都是针对这同一条定理的。

　　关于语言、思维和交流,以及它们对发明和发现所产生的影响,可以说有很多。不过,在本章中我们只集中讨论一个数学事实——唯一素因子分解——它以一种尤为惊人的方式阐明了发现和发明之间的相互影响。

首先，我们将注意力限定在**正整数** 1，2，3，4，5，…以及其中的**素数**。素数是指大于 1 且不等于小于其本身的正整数之积的整数。因此前几个素数是

$$2, 3, 5, 7, 11, 13, 17, 19, 23, 29, 31, 37, 41, 43,$$
$$47, 53, 59, 61, 67, 71, 73, 79, \cdots$$

从某种意义上来说，素数的概念是一种语言学上的发明，是表示某种特殊类型的整数的缩写词。不过，我们关于素数的发现越多，这个缩写词就变得越有用。语言学上的发明也许是任意的，但是它们受到某种自然选择的支配。只有那些最适当的发明才能幸存下来，而素数沿用至今是因为它们最好地表示了数的一些基本性质。

根据素数的定义很容易推断出，**每个大于 1 的正整数都可以看作素数的一个乘积**。假如 n 这个数本身不是一个素数，那么它就等于几个大于 1 且小于其本身的数的乘积，比如说等于 a 乘以 b。假如 a 或 b 本身不是素数，那么它也可以写成几个大于 1 且小于其本身的数的乘积，以此类推。既然正整数不可能无限地减小，那么只需要有限的几步就可以将 n 写成素数的乘积形式。

例如，60 可以写成乘积 4×15，而 4 和 15 又可以再次分解成素数的乘积：$4 = 2 \times 2$ 和 $15 = 3 \times 5$。因此 60 的素因子分解就是

$$60 = 2 \times 2 \times 3 \times 5$$

然而，我们此时并不能断言这是 60 的唯一素因子分解方式。60 这个数有许多种不同的分解方式，例如

$$60 = 4 \times 15 = 6 \times 10 = 5 \times 12$$

而我们还没有检验 6×10 和 5×12 是否能分解成同样的素数乘积（请读者自己检验）。

60 的**所有**因子分解方式恰好都分解成 $2 \times 2 \times 3 \times 5$，但是我们无法保证对于其他所有正整数也出现类似的情况。概括地讲，我们只证明了

素因子分解的**存在性**，其常见的表述方法是：素数是正整数乘法的"构件"。

我们真正想要的是素因子分解的**唯一性**，即每个正整数都能由素数以唯一方式构成：**每个大于1的正整数都能以唯一方式写成素数的乘积**（非降序排列）。我们将唯一素因子分解的证明推迟到后文给出，现在只给出几个例子：

$$30 = 2 \times 3 \times 5 \quad 60 = 2 \times 2 \times 3 \times 5 \quad 999 = 3 \times 3 \times 3 \times 37$$

无论你如何将这些数分解成较小的因子，都会发现最终得到的因子就是这里给出的这些素数。这个结果比素因子分解的存在性要微妙得多，因为从大的因子分解成小的因子可以由许多种不同的方式达到，因此没有任何明显的理由可以说明为什么总能导致同样的结果。

评注：既然1不是一个素数，那么它就没有素因子分解。这是不是我们对素数的定义中的一个瑕疵？我的意思当然不是说这种定义是错误的，只是说换一种定义的话可能会更加有用。问题在于：将1称为素数是否更加有用？

假如1是素数的话，这对素因子分解的存在性并不产生影响。事实上，这条定理还稍有增色，因为此时1不再是一个例外了。然而，当允许将1作为因子时，因子分解的**唯一性**就被破坏了，因为1可以在分解中出现任意多次而不会影响乘积的值。正如你将会看到的，我们非常想要得到唯一素因子分解，因此还是不要将1称为素数比较有用。（曾经有段时间，素数的定义方式中包括1是一种常见的做法，但是自然选择——通过对唯一素因子分解方式的需求——如今已经使这种陈旧的定义方式灭绝了。）

7.2　带有余数的除法

为了讨论素数,我们需要澄清一下正整数中的**除法**概念。这需要你回顾一下在小学里学到的除法概念:**带有余数的除法**。首先我们来讨论整除性,即一个正整数恰好整除另一个正整数时,它们之间的关系。

整除性

假如有一个正整数 b,

$$对于某个正整数 q,有 a = qb$$

那么我们就说 b 整除 a。这种关系的其他常用表示方式还有:a 被 b 整除,或者 a 是 b 的一个倍数。这里给出几个例子:6 整除 12,但是不整除 13、14、15、16、17。整除性是一种有趣的联系,因为它很少发生,而且很难识别。例如,我们很难看出 321 793 是否整除 165 363 173 929,而要看出 165 363 173 929 是否能被**任何**比它自身小的正整数(除了 1 以外)整除就更难了——也就是说,我们很难辨认出 165 363 173 929 是不是素数。

这是我们对素数感兴趣的原因之一,不过也许基本原因在于素数构成了这样一个神秘而又不规则的序列。在这个序列中似乎不存在任何模式,唯一的模式是其中**避免**出现特定的模式:在 2 这个数之后,就不再包括 2 的任何其他倍数了;在 3 之后,不再包括 3 的其他倍数;在 5 之后,不再包括 5 的其他倍数;以此类推。甚至这个素数序列是不是无限的也并非显而易见,但事实上它确实是无限的——欧几里得对这一事实给出的证明是整除性概念取得的最早的成功之一。

欧几里得对于存在着无穷多个素数的证明取决于我们在第 1.6 节中提及的一个事实:假如 c 整除 a,且 c 整除 b,那么 c 也整除 $a - b$。正如我们在那一节中看到的,假如 c 整除 a 和 b,那么

$$对于正整数 m 和 n,有 a = mc , b = nc$$

因此

$$a - b = (m - n)c,\text{从而 } c \text{ 也整除 } a - b$$

我们现在利用这个简单的事实来证明：**给定任意素数 p_1，p_2，$\cdots$，p_n，我们可以找到另一个素数 p，因此存在着无穷多个素数。**

欧几里得的想法出现在《几何原本》第九卷的命题 20 中，要考虑的是 $k = p_1 p_2 \cdots p_n$ 和 $k + 1$。显而易见，p_1，p_2，$\cdots$，p_n 这些素数都整除 k，但是假如其中有一个素数整除 $k + 1$，那么它必定也整除 $k + 1 - k = 1$ 这个差值，而这是不可能的。

不过，必定存在着**某个**整除 $k + 1$ 的素数 p，因为任何大于 2 的整数都等于几个素数的乘积，正如我们在前一节中已经看到过的。于是 p 就是一个不同于给定素数 p_1，p_2，$\cdots$，p_n 的素数。（得证）

余数

由于 b 整除 a 并不总是成立，因此我们需要一个更具一般性的带有余数的除法概念。正如你在小学学习除法时就知道的，a 除以 b 的结果会得到一个**商** q 和一个**余数** r。虽然只有当 $a = qb$ 而 $r = 0$ 时才恰好整除，但是一般而言，关于 r 的大小，我们有什么可说的吗？一般的情况是 a 落在 b 的两个相继倍数 qb 和 $(q + 1)b$ 之间，如图 7.1 所示。

图 7.1 b 的整数倍数和余数 r

由此可以清楚地看出 $a = qb + r$，其中 $0 \leqslant r < b$。只要 $b \neq 0$，那么也可以清楚地看出，我们可以放弃 a 和 b 都是正数这个假设，因为在这种情况下 a 落在 qb 和 $(q + 1)b$ 之间仍然成立。这就给出了整数的除法性质：**对于任何整数 a 和 $b \neq 0$，总是存在着整数 q 和 $r \geqslant 0$，满足 $a = qb + r$，其中 $0 \leqslant r < |b|$。**

要求出 q 和 r 这两个数，可以写出 b 的所有这些倍数，不过还有一些更好的方法。而图 7.1 也不是看出**存在**着小于 b 的 r 的唯一方法。不过，当我们将整数概念推广到复数时，这种几何论证的二维形式显然仍是看出是否存在着一个小的余数的最简单方法。(有时这个余数不存在,结果就会导致某些意外。)

最大公因子

将一个整数的倍数显示为沿着数轴的等间距点,这种概念为整数 a 和 b 的**最大公因子**(即既整除 a 又整除 b 的最大整数)提供了一种引人注目的洞见。我们先来展示当 $a = 6$, $b = 8$ 时会发生什么。

首先,图 7.2(a)是 6 的各个倍数 $6m$。

然后,图 7.2(b)是 8 的各个倍数 $8n$。

最后,图 7.2(c)是所有这些倍数的总和 $6m + 8n$。

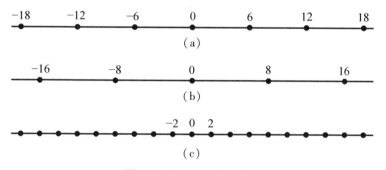

图 7.2 $6m$、$8n$ 及 $6m+8n$

初看起来令人惊奇的是,$6m + 8n$ 这些数恰好都是 2 的整数倍,而 2 是 6 和 8 的最大公因子。(这在很大程度上取决于 m 和 n 是否出现负值:如果我们只允许出现正的 m 和 n,那么 $6m + 8n$ 这些数就构成了不规则序列 6, 8, 12, 14, 16, 18, …。)稍加思考后就会发现,导致这个结果的原因如下。

- 由于 6 是 2 的倍数,8 也是 2 的倍数,因此所有具有 $6m + 8n$ 这种形式的数都是 2 的倍数。

- 2 这个数等于$-6+8$,因此 2 的任何整数倍都具有 $2q = -6q + 8q$ 的形式,而这又符合 $6m + 8n$ 的形式。

- 因此 $6m + 8n$ 这些数恰好都是 2 的倍数,而 2 则是 6 和 8 的最大公因子。

类似的论证过程可导出一种对于任意整数 a 和 b 的最大公因子 $\gcd(a, b)$ 的描述：**对于整数 m 和 n，具有 $ma+nb$ 形式的整数恰好都是 $\gcd(a, b)$ 的整数倍。**

其中的原因与上面这个特例中所揭示的相同，只不过现在有余数的除法露面了（它在这个例子中未被人注意到，因为 6 和 8 的最大公因子显然是 2）。

- 由于 a 是 $\gcd(a, b)$ 的一个倍数，而 b 也是 $\gcd(a, b)$ 的一个倍数，因此每个具有 $ma + nb$ 形式的数都是 $\gcd(a, b)$ 的一个倍数。

- 设 c 是形式为 $ma + nb$ 的数中的最小正值。那么 c 的所有整数倍数也都具有 $ma + nb$ 的形式。反过来，每个 $ma + nb$ 的值都是 c 的一个倍数。为什么？假如有某个 $m'a + n'b$ **不是** c 的一个倍数，那么考虑将它除以 c，得到余数 $m'a + n'b - qc$。由于 qc 具有 $ma + nb$ 的形式，因此这个余数也具有这一形式。但是除法性质告诉我们，余数小于 c，而存在一个小于 c 的正数 $ma + nb$ 就与 c 的定义发生了矛盾。

- 因此 $ma + nb$ 这些数都恰好是它们中的最小正数 c 的倍数。$ma + nb$ 这些数中包括 a 和 b，因此 a 和 b 都是 c 的倍数，也就是说，c 是 a 和 b 的一个公因子。但是我们已经知道 $\gcd(a, b)$ 整除所有具有 $ma + nb$ 形式的数，因此 $\gcd(a, b)$ 也整除 c，由此可得 $c = \gcd(a, b)$。

7.3 唯一素因子分解

前一节的寓意在于,因子和素数可能是非常深奥的,而公因子却是一目了然的。我们没有任何简单的公式来表示任意整数 a 的因子,但是 a 和 b 的最大公因子就是具有 $ma + nb$ 形式的最小正整数。看起来我们似乎应该利用最大公因子来了解素数。但是我们如何在这两个概念之间建立起一种联系呢?

有一种方法是通过以下观察得出的结果:**假如 p 是一个素数,而 a 是不能被 p 整除的任意整数,那么 gcd$(a, p) = 1$**。该事实成立的原因是,p 的正因子只有 p 和 1,而这两个除数中只有 1 整除 a。由这一观察结果提出了素数的一项基本性质——素因子性质。欧几里得在他的《几何原本》第七卷命题 30 中给出了这项性质的一个证明(尽管与我们给出的并不相同)。

素因子性质:假如有一个素数 p 整除乘积 ab,其中 a 和 b 都是整数,那么 p 整除 a 或 p 整除 b。

为了证明这一性质,假设 p 不整除 a(由此我们希望能证明 p 整除 b)。那么根据上文所述可推断出 gcd$(a, p) = 1$。由前一节的内容可知,对于某些整数 m 和 n,有 gcd$(a, p) = ma + np$,因此

$$1 = ma + np$$

现在我们再来利用 p 整除 ab 这个事实,将上式的两边都乘以 b。结果得到

$$b = mab + npb$$

于是我们可以看出,右边的两项都能被 p 整除——npb 显然能被 p 整除,而 ab 能被 p 整除是根据假设。因此 p 整除 mab 与 npb 之和,命题得证。

由素因子性质可以推导出:

- 假如有一个素数 p 整除正整数 q_1, q_2, $\cdots$, q_s 的乘积,那么 p 整除 q_1, q_2, $\cdots$, q_s 的其中之一。

- 假如 q_1，q_2，$\cdots$，q_s 也都是素数，那么 p 等于其中之一（因为一个素数的唯一素因子就是这个素数本身）。

- 假如 $p_1 p_2 \cdots p_r$ 和 $q_1 q_2 \cdots q_s$ 是两个相等的素数乘积，那么 p_1，p_2，$\cdots$，p_r 之中的每个素数都等于 q_1，q_2，$\cdots$，q_s 之中的一个素数，反之亦然（因为每个 p_i 都整除 $p_1 p_2 \cdots p_r$，而后者等于 $q_1 q_2 \cdots q_s$）。

于是相等的素数乘积实际上就是由相同的素因子构成的，因此我们有了以下结论。

唯一素因子分解：每个大于 1 的正整数都只能以一种方式表示成素数的乘积，不计各因子的排列顺序。

唯一素因子分解是一条相对较现代的定理。高斯在 1801 年首先陈述了这条定理，但是其核心是早已为欧几里得所知的素因子性质。唯一素因子分解迟迟才露面的一个原因也许是讨论它所要用到的复杂概念。欧几里得不喜欢使用三四个以上的未知量，更不用说上文的证明中所需要的"未知数量的未知量"了。不过，素因子性质常常就是我们实际需要的，这也是事实。我们会在后面几节中看到关于这一点的几个例子。

2 的无理根

在第 1 章中，我们证明了 $\sqrt{2}$ 是无理数，并解释了这为什么阻碍了毕达哥拉斯学派用整数频率比来将八度音阶分成 12 个相等音程的计划。我们现在用唯一素因子分解来证明：**对于任何 $k \geqslant 2$ 的整数，$\sqrt[k]{2}$ 都是无理数**（这阻碍了我们用整数频率比来将八度音阶分成**任意** k 个相等的音程。）

证明过程首先假设（为了构成矛盾的目的）

$$\text{对于整数 } m \text{ 和 } n \text{，有} \sqrt[k]{2} = \frac{m}{n}$$

并且其中的 m 和 n 具有素因子分解

$$m = p_1 p_2 \cdots p_r, \ n = q_1 q_2 \cdots q_s$$

接着将 $\sqrt[k]{2} = \dfrac{m}{n}$ 的两边都取 k 次幂，就可以得到

$$2 = (p_1 p_2 \cdots p_r)^k / (q_1 q_2 \cdots q_s)^k$$

因此

$$2(q_1 q_2 \cdots q_s)^k = (p_1 p_2 \cdots p_r)^k$$

这就与唯一素因子分解发生了矛盾！素数 2 在左边出现的次数是 1 加上 k 的某个倍数（这个倍数是 2 在 q_1，q_2，$\cdots$，q_s 中出现的次数），而 2 在右边出现的次数是 k 的一个倍数。

因此我们一开始的假设 $\sqrt[k]{2} = m/n$ 不成立。（得证）

7.4 高斯整数

利用唯一素因子分解的方式有许多种,可以理所当然地将它视为数论中的一种强有力的概念。事实上,它比欧几里得可能想到过的更加强大。有些**复数**的表现就像是"整数"和"素数",因此唯一素因子分解对它们也成立。欧拉在 1770 年前后首先开始使用复整数,他发现这些数具有一种魔幻般的力量,能够解开普通整数的种种奥秘。例如,通过利用具有 $a + b\sqrt{-2}$ 形式的数,其中 a 和 b 是整数,他证明了费马的一条断言:27 是唯一的比一个平方数大 2 的立方数。欧拉的结果是正确的,但在一定程度上是靠了好运气。他并不真正理解复"素数"以及它们的表现。

高斯在 1832 年首先为复整数研究打下了坚实的基础。他研究了我们现在所谓的**高斯整数**:具有 $a + bi$ 形式的数,其中 a 和 b 都是普通整数。特别是,他发现了"素"高斯整数——现在被称为**高斯素数**——并针对它们证明了一条唯一因子分解定理。高斯整数中包括普通整数,但是普通素数并不总是高斯素数。例如,2 具有"较小"的高斯整数因数 $1 + i$ 和 $1 - i$,这就表明普通素数 2 并不是一个高斯素数。

事实上,任何具有 $a^2 + b^2$ 形式的普通素数都不是高斯素数,因为它具有高斯因子分解

$$a^2 + b^2 = (a + bi)(a - bi)$$

这确实是一条好消息,因为 $a^2 + b^2$ 的高斯分解揭示了**两个平方数之和**的一些隐藏的性质。这个课题自从毕达哥拉斯定理发现以来就一直深深吸引着数学家。我们将会使用高斯素数来讨论一个更加基础的主题,不过首先我们需要理解高斯整数的**整除性**,正如我们在研究普通整数时所做的那样。

带有余数的高斯整数除法

要用高斯整数 A 除以高斯整数 B,我们要做的与普通整数除法十分相似:我们来看 A 落在 B 的所有倍数之中的何处。最接近 A 的 B 的倍数

QB 就给出了商 Q,而 A-QB 这个差值就是余数。但是这个余数是否"小于" B 呢? 要回答这个问题,我们就需要知道 B 的倍数看起来是什么样子的。

高斯整数构成了如图 7.3 所示的一个正方形**网格**,或称为**点阵**。这些正方形点阵的边长为 1,因为 1 和 i 都位于到 O 点距离为 1 处。

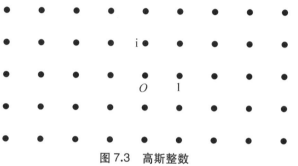

图 7.3　高斯整数

假如 B 是任意高斯整数,那么 B 乘以高斯整数 $m+ni$ 就等于 m 乘以 B 加上 n 乘以 iB。 因此 B 的各倍数就是各 mB 点和各 niB 点之和,其中 B 与 iB 位于两个垂直方向,且到 O 点的距离都为 | B |。 出于这一原因,**任何高斯整数 $B \neq 0$ 的倍数都构成一个边长为|B|的正方形点阵**。图 7.4 显示了一个例子: $2+i$ 的倍数。

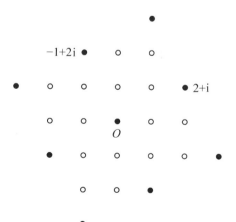

图 7.4　2+i 的倍数构成的点阵

现在设 A 为任意高斯整数,并假定我们想要求出它除以高斯整数 $B \neq 0$ 所得的商和余数。B 的倍数构成了一个正方形点阵,而 A 落在其中一个正方形中。若 QB 处在该正方形中最靠近 A 的一个角上,那么我们就得到 $QB + R$,其中 $R = A - QB$,而 $|R|$ 是这个正方形某个**四分之一部分**中的一个直角三角形的斜边(见图 7.5)。

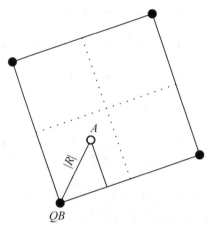

图 7.5 A 与最靠近它的 B 的倍数 QB

由于这个正方形的边长为 $|B|$,因此这个直角三角形的两条直角边都 $\leqslant |B|/2$。于是根据毕达哥拉斯定理可得

$$|R|^2 \leqslant \left(\frac{|B|}{2}\right)^2 + \left(\frac{|B|}{2}\right)^2 = \frac{|B|^2}{2},\text{因此} |R| < |B|$$

将以上事实组合在一起,我们就得到以下结论。

高斯整数的除法性质:对于任何高斯整数 A 和 $B \neq 0$,总是存在着高斯整数 Q 和 R,使得

$$A = QB + R,\text{其中} 0 \leqslant |R| < |B|$$

(我们并没有断言 Q 和 R 是唯一的——事实上,当 A 位于该正方形中心时,会有 **4** 个最靠近的 QB——我们只需要知道存在着**某个**小余数 R 即可。)

7.5 高斯素数

我们由第 7.3 节已经知道,普通整数的除法性质为唯一素因子分解铺平了道路,因此我们可以预计,高斯整数也是同样的情况。不过,我们首先需要定义高斯素数,并确认高斯素因子分解是存在的。一般而言它确实是存在的,但是正如我们在普通素数中排除了 1 这个数,在高斯素数中排除 ±1、±i(称为**单位数**)也是恰当的做法。这样做的原因在于我们度量复数"大小"的方式,而"大小"是素数讨论中的关键。

对高斯整数大小的一种恰当的量度是复数的绝对值。我们在研究带有余数的除法时已经明白了其中的原因。因此我们将**高斯素数**定义为一个绝对值大于 1 且不等于具有较小绝对值的高斯整数之积的高斯整数。绝对值等于 1 的数被排除——正如它们在普通素数中也被排除——以获得唯一素因子分解的可能性。

素因子分解:存在性

类似在第 7.1 节中对普通整数所做的那样,现在也能同样确立素因子分解的存在性,只需做一项修改。用绝对值的平方(称为**范数** (norm)),而不是用绝对值本身来度量大小,这对我们会有所帮助。这对素数的概念不产生任何影响(因为具有较大的范数就等价于具有较大的绝对值),但是这样修改的优势在于,范数是一个普通整数,因此显然只能减小有限次。

论证过程如下。假如高斯整数 N 本身不是一个素数,那么它就等于几个范数大于 1 的较小的高斯整数的乘积,比如说等于 A 乘以 B。假如 A 或 B 本身不是高斯素数,那么它也可以写成几个范数大于 1 的更小的高斯整数的乘积,以此类推。既然正整数不可能无限减小,那么只需要有限的几步就可以将 N 写成高斯素数的一个乘积形式。(得证)

范数还有助于搜寻高斯整数的因子,这是由于它的乘法性质

$$\text{norm}(B)\,\text{norm}(C) = \text{norm}(BC)$$

这只不过是对第 2.5 节丢番图恒等式

$$(a^2 + b^2)(c^2 + d^2) = (ac - bd)^2 + (bc + ad)^2$$

的循环利用,其中 $B = a + bi$, $C = c + di$。假如我们令 $A = BC$,那么乘法性质告诉我们:**若 B 整除 A,那么 norm(B) 也整除 norm(A)**。因此我们就可以缩小搜寻 A 的因子的范围,只考虑那些高斯整数,它们的范数整除 norm(A)。

举例

1. 高斯整数 $1 + i$ 具有范数 $1^2 + 1^2 = 2$,2 是一个普通素数,因此不是几个较小普通整数的乘积。于是 $1 + i$ 就不是几个具有较小范数的高斯整数的乘积——它是一个高斯素数。同理,$1 - i$ 也是一个高斯素数,因此 $(1 + i)(1 - i)$ 就是 2 的一种高斯素因子分解。

2. 高斯整数 3 具有范数 3^2,它的普通因子是 1、3 和 3^2。但是 3 **不是**一个 $a + bi$ 形式的高斯整数的范数 $a^2 + b^2$,这是因为 3 不是整数 a 和 b 的一个平方和。于是 3 就不是几个具有较小范数的高斯整数的乘积——它是一个高斯素数。

3. 高斯整数 $3 + 4i$ 具有范数 $3^2 + 4^2 = 5^2$,而 5 是一个普通素数。因此 $3 + 4i$ 的任何真高斯因子[①]都具有范数 5。用明显具有范数 5 的高斯整数 $2 + i$ 来试一下,我们就会发现 $(2 + i)^2 = 2^2 + 4i + i^2 = 3 + 4i$。$2 + i$ 这个因子是一个高斯素数,因为它的范数是一个普通素数。

素因子分解:唯一性

当我们证明了高斯整数的除法性质以后,我们就已做好准备去证明它们的唯一素因子分解,因此现在不要再犹豫了。接下去要做的只剩下

---

① 真因子(proper factor)是针对合数而言的,指不包括这个数本身的因子。例如,6 的因子有 1、2、3、6,其中真因子为 1、2、3。——译注

检验第 7.3 节中使用过的那种用于普通整数的过程是否可以移到高斯整数上去。

- 首先,我们需要证明对于任意高斯整数 A 和 B,总是存在着高斯整数 M 和 N,使得

$$\gcd(A, B) = MA + NB$$

通过证明所有具有 $MA + NB$ 形式的数都是它们之中的最小成员的倍数,就可以证明这一点。在这里,"最小"的意思是"绝对值最小",而证明过程与前文相同,即利用除法性质。

- 接下去,我们需要**高斯素数的除法性质**:假如有一个高斯素数 P 整除 AB,那么 P 整除 A 或 P 整除 B。其推导过程与前文相同,即利用 $1 = \gcd(A, P) = MA + NP$,并将等式两边都乘以 B。

- 最后,我们想要证明假如 $P_1 P_2 \cdots P_r$ 和 $Q_1 Q_2 \cdots Q_s$ 是两个高斯素数之积且相等,那么它们是由**同样的**高斯素数相乘得到的。如前所述,我们可以利用素除数性质来证明每个 P 都整除某个 Q。但这并不相当于表明了 $P = Q$,但意味着 $P = \pm Q$,或 $P = \pm iQ$。我们说 P 和 Q 在不计单位因子的情况下是相同的。

因此,在高斯整数中的素因子分解要比在正整数中的"唯一性程度稍低"一些。

高斯整数的唯一素因子分解:假如 $P_1 P_2 \cdots P_r$ 和 $Q_1 Q_2 \cdots Q_s$ 是两个高斯素数之积且相等,那么这两个乘积在不计各因子的排列顺序及可能的单位因子(± 1 和 $\pm i$)的情况下是相同的。

7.6　有理斜率与有理角度

高斯整数的唯一素因子分解有一项非常简单的应用,它给出了第 2.6 节中提到的那个结论:**一个有理直角三角形的内角不等于 π 的有理倍数**。(表述略有不同,我是从凯尔卡特(Jack Calcut)那里获知这种证明的。)这就意味着一系列有理直角三角形(比如说"普林顿 322 号"石板上的那些)永远不可能产生一个 0 到 π/2 之间的等间隔角度"等级",正如不可能用一系列有理数频率比将八度音阶分成相等的音程。

假设与此相反,存在着一个三角形,其直角边长为整数 a 和 b,斜边长 c 也是整数,并且它有一个内角为 $2m\pi/n$,其中 m, n 都是整数。换言之,即点 $\dfrac{a}{c} + \dfrac{b\mathrm{i}}{c}$ 位于单位圆上角度为 $2m\pi/n$ 处,如图 7.6 所示。

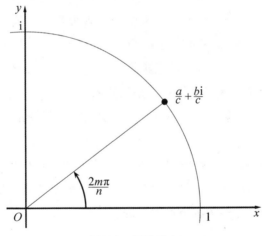

图 7.6　假设的点

根据我们在第 2.6 节中讨论过的那些乘法的几何性质可知

$$\left(\frac{a}{c} + \frac{b\mathrm{i}}{c} \right)^n = 1$$

因此

$$(a + b\mathrm{i})^n = c^n \tag{7.1}$$

这个等式违反了高斯整数的唯一素因子分解,只不过现在原因还不明显,因为 $a + bi$ 和 c 并不一定是高斯素数。但是它们都是高斯整数,因此它们都具有高斯素因子分解

$$a + bi = A_1 A_2 \cdots A_r$$
$$c = C_1 C_2 \cdots C_s \tag{7.2}$$

它们在不计各项顺序或单位因子的情况下都是唯一的。此外,$c + bi$ 也不等于 c 乘以一个单位而得到的 $\pm c$ 或 $\pm ic$,因此 A_1,A_2,$\cdots$,A_r 这一串数与 C_1,C_2,$\cdots$,C_s 这一串数之间的差别**不只是**顺序或单位因子。

因此,假如我们将式(7.2)代入式(7.1),就得到了相等的素因子分解

$$(A_1 A_2 \cdots A_r)^n = (C_1 C_2 \cdots C_s)^n$$

它们的差别不只是顺序或单位因子。这与高斯整数的唯一素因子分解产生了矛盾。由此可知,我们一开始的假设,即 $\dfrac{a}{c} + \dfrac{bi}{c}$ 具有的角度为 $2m\pi/n$,其中 m、n 都是整数,必定不成立。(得证)

7.7 唯一素因子分解失效

实数［此处指普通整数］可以分解为素因子，而且这些素因子总是相同的，这一优点……复数［此处指复整数］却不能同样拥有，这真是非常令人惋惜。倘若事实确实如此的话，那么这整个理论……可能很容易走向终结。由于这个原因，我们一直以来所考虑的复数似乎并不完美，因此我们大可以问一问，我们难道不应该去寻找另一种类型的数，从而使它们能保持实数所具有的这种基本性质吗？

——库默尔（Ernst Edward Kummer），《论文集》（*Collected Papers*）

高斯整数非常适用于解释有理三角形中的角度，不过对于其他一些问题，"复整数"可能会适用。具有突破性的例子是欧拉对方程 $y^3 = x^2 + 2$ 的解答，这出现在他 1770 年的《代数的要素》（*Elements of Algebra*）一书中。这个在第 7.4 节中已经简要提到过的问题是，要证明这个方程的唯一整数解是 $x = 5$，$y = 3$。丢番图在他的《算术》一书第 6 卷的第 17 题中提到过这个解答，而费马则在 1657 年断言这是唯一解。

欧拉首先假设 x 和 y 是满足 $y^3 = x^2 + 2$ 的两个正整数。随后他大胆假设，既然 $x^2 + 2$ 等于立方数 y^3，那么它的因子 $x + \sqrt{-2}$ 和 $x - \sqrt{-2}$ 也是某两个数的立方。特别是

对于普通整数 a 和 b 有
$$
\begin{aligned}
x + \sqrt{-2} &= (a + b\sqrt{-2})^3 \\
&= a^3 + 3a^2 b\sqrt{-2} + 3ab^2(-2) + b^3(-2)\sqrt{-2} \\
&= a^3 - 6ab^2 + (3a^2 b - 2b^3)\sqrt{-2}
\end{aligned}
$$

比较等式两边的虚部，我们发现
$$
1 = 3a^2 b - 2b^3 = b(3a^2 - 2b^2)
$$

既然 1 仅有的整除数是 ± 1，因此我们必定有
$$
b = \pm 1, \quad 3a^2 - 2b^2 = \pm 1
$$

因此 $a = \pm 1$，$b = \pm 1$。将这些值代入实部 $x = a^3 - 6ab^2$，我们发现只有 $a = -1$，$b = -1$ 会给出一个正数解，即 $x = 5$。对应的 y 正数解显然是 3。（得证）

这种神奇的证明能够获得成功，是由于欧拉正确地假设了 $x + \sqrt{-2}$ 和 $x - \sqrt{-2}$ 是某些数的立方，而这些数都属于无穷多具有 $a + b\sqrt{-2}$ 形式的数，其中 a 和 b 都是普通整数。他作出这一假设的理由是有问题的——这些理由似乎也适用于这类假设不成立的一些情况——不过在欧拉的这种情况下，多亏有对 $a + b\sqrt{-2}$ 这些数的唯一素因子分解，才有可能给出完全的理由。这项性质在此处成立的原因与它在高斯整数的情况下成立的原因几乎完全相同。

$a + b\sqrt{-2}$ 的**范数**同样等于它的绝对值的平方，即普通整数 $a^2 + 2b^2$。具有 $a + b\sqrt{-2}$ 形式的**素数**是一些不等于具有较小范数的数之积的数。与往常一样，根据**除法性质**可以推出唯一素因子分解，而所用到的除法性质则可以通过我们对高斯整数所用的同种方法来证明。我们考虑复数平面上的那些具有 $a + b\sqrt{-2}$ 形式的点，并观察到它们构成了宽为 1、高为 $\sqrt{2}$ 的矩形点阵。此时除法性质来自一个很容易证明的几何事实：在这样一个矩形中的任何一点到最靠近它的一角的距离都小于 1。

从这些例子中，我们逐渐开始看出利用复整数来研究具有某些特殊形式的普通整数、解具有某些特殊形式的方程以及诸如此类问题的一条总体策略。这就是在本节开头的引文中，库默尔所谈论的"整个理论"。库默尔本人从事这一策略的研究，直至与**费马最后定理**发生了关联。费马的这条定理断言，当 $n > 2$ 时，没有任何普通整数 x，y，z 能满足方程 $x^n + y^n = z^n$。

就在库默尔挑战这个问题之前，有人给出了一种错误的一般"证明"，方法是将 $x^n + y^n$ 分解为具有 $x + y\zeta_n^k$ 形式的"复整数"，其中 $\zeta_n = \cos\dfrac{2\pi}{n} + i\sin\dfrac{2\pi}{n}$。由于这些因数的乘积等于 n 次幂 z^n，因此假设每个因子本身也是一个 n 次幂（正如欧拉在解 $y^3 = x^2 + 2$ 时所做的那样）是一种颇具诱惑力的想法。不过,这就假设了对于用 ζ_n 构建的复整数能够进行唯一素因子分解,而库默尔发现,当 $n \geq 23$ 时,**唯一素因子分解对于这些整数失效了。**

库默尔能在这样一种错综复杂的情况中看出唯一素因子分解失效,这已经很了不起了,而更了不起的是他对于这种失效的反应:**他拒绝接受失效!** 他认为,当不存在分解成实际素数的唯一分解时,就必定存在着一种分解成"理想素数"的唯一分解——其中"理想"一词取自于表示虚拟点的一个几何学术语。在我们自己设法相信理想素数之前,应该先来考虑一下需要它们的最简单情况。(事实上,以后发生的事情表明,即使采用了理想素数,用这种方法来处理费马最后定理仍然没有取得成功。不过那就是另一个故事了……)

复整数 $a + b\sqrt{-5}$

具有 $a + b\sqrt{-5}$(其中 a 和 b 为普通整数)形式的复整数是作为具有 $a^2 + 5b^2$ 形式的普通整数的复因子出现的。例如,

$$6 = 1^2 + 5 \times 1^2 = (1 + \sqrt{-5})(1 - \sqrt{-5})$$

但是 6 还有另一种因子分解方式 2×3,并且事实证明 2,3,$1 + \sqrt{-5}$ 和 $1 - \sqrt{-5}$ 都是素数——这就为唯一素因子分解带来了麻烦。

这又提供了另一个例子,说明将一个复整数的范数定义为其绝对值的平方是恰当的做法。于是 $\text{norm}(a + b\sqrt{-5}) = a^2 + 5b^2$。照例,一个素数并不是具有更小范数的复整数的乘积。并且只当 $\text{norm}(B)$ 在普通整数中整除 $\text{norm}(A)$ 时,B 在复整数中才整除 A。因此,假如 $a + b\sqrt{-5}$ 的范数不能分成较小的整数因子(它们也是范数),那么它就是素数。这就提供了一种快速的方法来检验 2、3、$1 + \sqrt{-5}$ 和 $1 - \sqrt{-5}$ 都是素数。

- 2 具有范数 2^2,它的因子分解方式只有 2×2,而 2 不是一个范数,因为对于任何普通整数 a 和 b,$2 \neq a^2 + 5b^2$。

- 3 具有范数 3^2,它的因子分解方式只有 3×3,而 3 不是一个范数,

因为对于任何普通整数 a 和 b，$3 \neq a^2 + 5b^2$。

- $1 + \sqrt{-5}$ 具有范数 6，它的因子分解方式只有 2×3，我们刚刚确定了 2 和 3 都不是范数。

- $1 - \sqrt{-5}$ 也具有范数 6，因此我们可以得出相同的结论。

由此可见，6 的两种因子分解方式 2×3 和 $(1 + \sqrt{-5})(1 - \sqrt{-5})$ 都是素因子分解，但是我们刚刚进行的范数计算告诉我们，**它们不满足素除数性质**。例如，2 整除 $6 = (1 + \sqrt{-5})(1 - \sqrt{-5})$，但是 2 不整除 $1 + \sqrt{-5}$ 或 $1 - \sqrt{-5}$，因为 $\text{norm}(2) = 2^2$ 不整除 $\text{norm}(1 + \sqrt{-5}) = \text{norm}(1 - \sqrt{-5}) = 6$。

这些所谓的素数不可接受的表现使库默尔确信，它们并不是真正的素数，而是由隐藏的"理想"素数构成的复合数（compound），从这些所谓的素数的行为就可以推断出"理想"素数的存在。他将这种情况与当时化学的状况进行了比较，当时人们认为存在着一种元素"氟"，但是只在氟化合物中观察到了这种元素。尽管如此，人们还是有可能推断出氟的一些特征，并预测新的氟化合物的表现。

库默尔的理想素数以这种方式继续下去。他可以在没有实际发现理想素数的情况下获得唯一素因子分解的优势。并且正如氟最终被分离出来一样，库默尔的"理想素数"（在某种意义上）也被发现了，尽管不是库默尔本人做到的。

7.8　理想，重获唯一素因子分解

> 不过，我们后来对于在这类数值领域中的研究前景越感到无望，就越敬仰库默尔锲而不舍的努力，这些努力最终得到的奖赏是一个真正伟大而丰硕的发现。
>
> ——戴德金(Richard Dedekind)，
>
> 《代数整数论》(*Theory of Algebraic Integers*)

假如库默尔是正确的，那么在复整数 $a + b\sqrt{-5}$ 中，所谓的素数 2 和 $1 + \sqrt{-5}$ 表现很糟糕，这是因为它们并不是真正的素数。它们可以被分成"理想"因子，但是如何观察到这样的"理想数"呢？库默尔的基本想法是，**可以通过一个数的倍数所构成的集合来了解这个数**，因此只要描述一个理想数的倍数就够了。1871 年，戴德金通过独自研究"倍数集合"使这种想法有了合乎逻辑的结果。他将这些"倍数集合"称为**理想**(ideal)。他发现这些理想描述起来很简单，对它们做乘法很容易，而且对于"复整数"构成的任何合理的定义范围还具有唯一素因子分解——它们完全实现了库默尔的梦想。

戴德金发明理想是数学中的伟大成功故事之一，这不仅是因为他修复了唯一素因子分解。事实证明，理想在数论、代数和几何的许多部分中都是一个富有成效的概念。它们获得了如此势不可当的成功，以至于现在有许多人在对它们的发明初衷一无所知的情况下研究它们——这是一种荒谬而令人遗憾的局面，因为一场战胜了看似不可能的大捷遭到了轻视。我在此处的目的是，要对理想给出一个清晰而令人信服的例子。所有人在研究一般意义上的理想**之前**都应该看看这个例子。

自然，我们的着眼点是在 $a + b\sqrt{-5}$ 这些复整数之中，尤其是要考虑 2 和 $1 + \sqrt{-5}$ 这两个数。我们猜想 2 和 $1 + \sqrt{-5}$ 可以分解成理想素数，因此它们可能具有一个共同的理想因子。这激发我们去考虑 2 和 $1 + \sqrt{-5}$ 的**最大公因子** $\gcd(2, 1 + \sqrt{-5})$。我们记得在第 7.2 节中，普通

整数 a 和 b 的最大公因子是整数 $ma + nb$ 中的最小非零数。事实上,整数 $ma + nb$ 恰好都是 $\gcd(a, b)$ 的整数倍,因此通过具有 $ma + nb$ 形式的整数所构成的集合,就可能"知道" $\gcd(a, b)$,其中 m 和 n 都是普通整数。

因此,我们可以合理地预期,通过具有 $2M + (1 + \sqrt{-5})N$ 形式的整数所构成的集合,就可能"知道" $\gcd(2, 1 + \sqrt{-5})$,其中 M 和 N 遍历所有具有 $a + b\sqrt{-5}$ 形式的复整数。让我们来看看这是一个什么样子的集合。

首先考虑 2 的所有倍数 $2M$,它们构成了一个矩形点阵,它与所有具有 $a + b\sqrt{-5}$ 形式的复整数构成的点阵形状相同(但大小是后者的两倍,见图 7.7)。

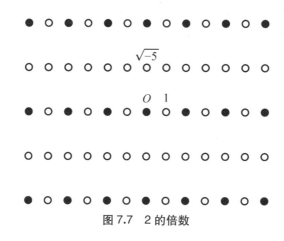

图 7.7　2 的倍数

接下来,考虑 $1 + \sqrt{-5}$ 的倍数 $(1 + \sqrt{-5})N$(见图 7.8)。这些倍数也构成了一个相同形状的点阵,因为将整个复数平面乘以常数 $1 + \sqrt{-5}$,就相当于将所有距离都放大到一个常数倍。(一开始要发现这些矩形较为困难,因为它们都按 $1 + \sqrt{-5}$ 的虚数分量旋转了。) $2M$ 的点阵和 $(1 + \sqrt{-5})N$ 的点阵都是被称为**主理想**(principal ideal)的例子。一般而言,一个主理想就是某个确定的数的倍数所构成的集合。

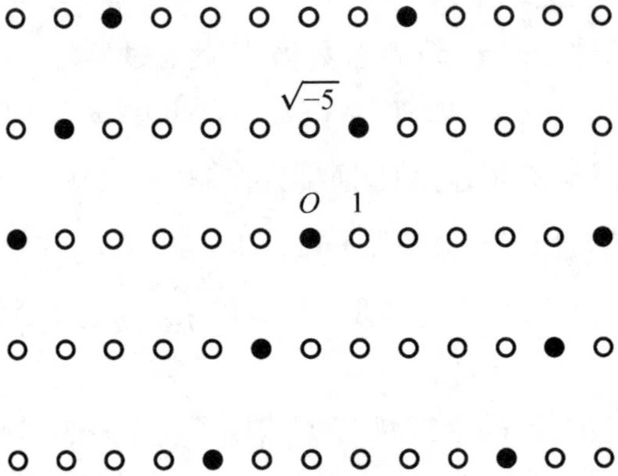

图 7.8 $1+\sqrt{-5}$ 的倍数

最后,考虑 2 的倍数加上 $1+\sqrt{-5}$ 的倍数所得的和 $2M+(1+\sqrt{-5})N$(图 7.9)。这些和构成的点阵**不是**矩形的,因此它不是任何具有 $a+b\sqrt{-5}$ 形式的数的倍数所构成的集合①。用库默尔的语言来说,它的成员都是"理想数" $\gcd(2,1+\sqrt{-5})$ 的倍数。用如今更加乏味的语言来说,这个点阵是**非主理想**(nonprincipal ideal)。

我们可以通过同样的方法来找到表示 $\gcd(3,1+\sqrt{-5})$ 和 $\gcd(3,1-\sqrt{-5})$ 的点阵②。它们都是非主理想。

现在任意两个理想 $\mathscr{I}$ 和 $\mathscr{J}$ 都有一个自然的**乘积** $\mathscr{I}\mathscr{J}$,它由所有 $A_1B_1+A_2B_2+\cdots+A_kB_k$ 的和构成,其中的 A 都来自 $\mathscr{I}$,B 都来自 $\mathscr{J}$。当

---

① 库默尔发现了一个不存在的数的"倍数",而他对此的反应,戴德金给出了如下描述(在他 1871 年对狄利克雷(Dirichlet)的《数论讲义》(*Vorlesungen über Zahlentheorie*)一书所写的附录 10 的第 162 节中):

  但事实很可能是这样的数根本不存在……在碰到这一现象时,库默尔幸运地产生了这样一个念头:伪造[虚构]出这样一个数,并将其作为**理想数**引入。

虚构(fingieren)这个词的意思是伪造(fake)或捏造(fabricate),因此理想数及通过理想来实现它们的故事辉煌地例证了这条口号:"弄假直到成真!"——原注

② 请注意 $\gcd(2,1-\sqrt{-5})=\gcd(2,1+\sqrt{-5})$,所以 $\gcd(2,1-\sqrt{-5})$ 的点阵也是图 7.9。——译注

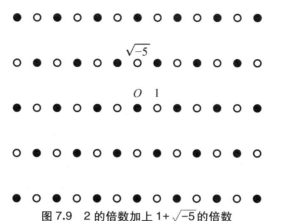

图 7.9　2 的倍数加上 1+ $\sqrt{-5}$ 的倍数

$\mathscr{I}$ 是 A 的所有倍数的主理想 (A)，而 $\mathscr{J}$ 是 B 的所有倍数的主理想 (B) 时，$\mathscr{I}\mathscr{J}$ 就简单地等于 AB 的所有倍数的主理想 (AB)。因此主理想的乘积就对应于数的乘积，而且我们应该将非主理想的乘积视为"理想"数的乘积。当我们构造非主理想 $\gcd(2, 1 + \sqrt{-5})$、$\gcd(3, 1 + \sqrt{-5})$ 和 $\gcd(3, 1 - \sqrt{-5})$ 的各乘积时证实了这一点：**我们重新得到了这些"理想数"应该分解出的数。**

我们跳过计算过程，直接给出结果：

$$\gcd(2, 1 + \sqrt{-5})\gcd(2, 1 + \sqrt{-5}) = (2)$$
$$\gcd(3, 1 + \sqrt{-5})\gcd(3, 1 - \sqrt{-5}) = (3)$$
$$\gcd(2, 1 + \sqrt{-5})\gcd(3, 1 + \sqrt{-5}) = (1 + \sqrt{-5})$$
$$\gcd(2, 1 + \sqrt{-5})\gcd(3, 1 - \sqrt{-5}) = (1 - \sqrt{-5})$$

由此得出的结论是，**6 的两种因子分解方式，即 2×3 和 (1+$\sqrt{-5}$) (1−$\sqrt{-5}$)，可以分解成理想数的同样的乘积：**

$$\gcd(2, 1 + \sqrt{-5})\gcd(2, 1 + \sqrt{-5})\gcd(3, 1 + \sqrt{-5})\gcd(3, 1 - \sqrt{-5})$$

不仅如此，这些理想因子都被证明是素数，而且理想素因子分解也是唯一的，因此库默尔是正确的。所谓的素数 2，3，1 + $\sqrt{-5}$，1 − $\sqrt{-5}$，实际

上是由理想素数 $\gcd(2, 1 + \sqrt{-5})$ 或 $\gcd(2, 1 - \sqrt{-5})$，$\gcd(3, 1 + \sqrt{-5})$ 和 $\gcd(3, 1 - \sqrt{-5})$ 构成的复合数。

具有 $a + b\sqrt{-5}$（其中 a 和 b 都是普通整数）形式的数中**不存在**理想素数。然而神奇的是，在它们的"倍数的集合"中却存在理想素数，并且我们可以几乎像操作普通数一样容易地操作这些集合。1877 年，戴德金将此与像 $\sqrt{2}$ 这样的无理数的情况作比较。在有理数中不存在 $\sqrt{2}$，但是可以用一个有理数**集合**来模拟它（比如说我们在第 1.5 节中使用的那个十进制小数集合），而且我们还可以几乎像操作单个有理数一样容易地操作这样的集合。

因此，在两种重要的情形下，我们都可以通过由普通数构成的无限集合来实现"不可能"的数。事实证明，戴德金的这项发现非常富有成效，我们会在第 9 章中对此作进一步讨论。

第8章　周期空间

概况预习

我们这次不是从数学中的一个不可能开始,而是从艺术中的一个不可能开始:埃舍尔的自动供水的《瀑布》(*Waterfall*,见图 8.1)。这种不可能实现的水循环可以归咎于一种被称为**三杆**(tribar)的几何物体,它在普通空间里是不存在的,因为它包含着一个具有三个直角的三角形。

这提出了一个有趣的数学挑战:**三杆可能存在于某个其他的三维空间中吗?** 我们的目标是要证明这是可能的,而且在搜寻一个适合三杆的世界的过程中,会引导我们到达各种各样的**周期空间**。这些空间在其内部的视角看来都是无限的,不过其中的每个物体都会被看到无穷多次。

考虑圆柱的情况。假如光线沿着它的测地线前进,那么这个圆柱内的生物就会一次又一次地观察到完全一样的物体。在他们看来,他们好像是住在一个无限的平面上,但是圆柱内某些奇怪的物体在他们看来又会相当平常。例如,一个有两条边和两个直角的多边形(它在圆柱内确实存在!)看起来就像是平面上的一条无限的锯齿形路径。

通过将圆柱的情况一般化,我们就会得到被称为**三维圆柱**(3 - cylinder)的一个三维空间。与普通圆柱不同的是,三维圆柱不能从"外部"来看。我们必须从"内部"来看,将它看成一个周期空间,并**推断**

图 8.1　埃舍尔的《瀑布》

出从"内部"视角看起来呈现周期性的物体的真实性质。我们用这种方式发现,**三维圆柱包含着一个三杆**。

在这种想象一个奇怪空间的练习引导下,我们很想知道空间的性质以及一般而言的周期性。我们的篇幅有限,只能简要概述一下这些概念,但是这会将我们带到**拓扑学**的边缘,而这是 20 世纪数学中最重要的领域之一。

8.1 不可能的三杆

在我看来,我们都受到一种强烈欲望的折磨,鬼迷心窍般地渴望着不可能。我们周围的现实,即围绕着我们的三维世界,对于我们而言太普通、太无趣、太平常。我们企求不存在的非自然的或超自然的东西,即一个奇迹。

——M. C. 埃舍尔,《埃舍尔论埃舍尔:探索无穷》
(*Escher on Escher: Exploring the Infinite*)

M. C. 埃舍尔是数学家最钟爱的艺术家,他的作品出现在许多数学书籍中。无疑,这是由于埃舍尔频繁地使用数学主题,不过我相信他对于不可能的渴望也引起了我们的共鸣。当我们看着一幅像《瀑布》这样的画作时,我们希望它会是真的,因为其中所描述的情形拥有着如此的吸引力、独创性和(难以言说的)逻辑性。看起来就好像埃舍尔从另一个世界瞥见了什么。

当我们仔细观察《瀑布》时,就会清楚地发现它的基础是图 8.2 所示的这种不可能的物体。这种物体被称为**三杆**或**彭罗斯三杆**。埃舍尔是从莱昂纳尔·彭罗斯(Lionel Penrose)和罗杰·彭罗斯(Roger Penrose)发表

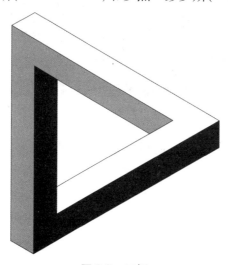

图 8.2 三杆

在《英国心理学杂志》(*British Journal of Psychology*) 1958 年第 49 期第 31—33 页的论文"不可能的物体"(Impossible Objects) 中获悉这种物体的。

彭罗斯父子实际上是重新发现了三杆,这种物体从 20 世纪 30 年代开始就已为人们所知,并且常常被应用在流行艺术中以获得反常的或离奇的效果。它的各种变化形式可上溯几个世纪,一直到皮拉内西 (Piranesi) 和勃鲁盖尔 (Bruegel)。我们可以从图 8.3 所示的勃鲁盖尔的《绞刑架上的喜鹊》(*Magpie on the Gallows*) 复制图中看到这一点。绞刑架的横木与双脚的位置不矛盾吗?我们无法确定,也许勃鲁盖尔故意想画成这样。

图 8.3　勃鲁盖尔的《绞刑架上的喜鹊》

对于三杆的情况,不存在这样的模棱两可。在普通的三维空间里它是不可能存在的,因为不存在任何有三个直角的三角形。不过,**三杆存在于其他一些三维空间中**,而本章的目标就是要描述其中最简单的一种。这只不过是趣味数学中的一项讨论课题,因为三杆并没有多大的数学重要性。不要想着从中找到关于永动机的想法!不过,它有助于引入现代几何学和物理学中的一些重要概念。

三杆所阐明的概念之一是"局部"与"整体"之间的差别。当我们每次只看一小部分时，三杆看起来只不过是一根具有直角转角的方形杆。我们可以说它"局部相容"。但它是"整体不相容"的，至少对于普通的三维空间 $\mathbb{R}^3$ 是如此，在这个空间里，一个三角形不可能有三个直角。三杆需要一个**局部**像 $\mathbb{R}^3$，但整体不同的环境。要理解为什么这是有希望实现的，请回忆在第 5.3 节中，我们观察到了两个维度中的局部和整体之间的区别。柱面局部与平面相同，但是整体上不同，它不同的那方面使它适宜某些反常的物体。

8.2 柱面与平面

在柱面上很容易构造出一些在平面上不可能的图形。我们已经在第5.3 节中看到过一些了,比如说闭合的直线和通过相同两点的不同直线。图 8.4 明示了另一种反常的图形,它的风格与三杆相似:一个有两个直角的"两条边的多边形",或者称为**二边形**(2 - gon)。在平面上不存在二边形,但是从这幅图可以明显看出,它在柱面上是存在的。

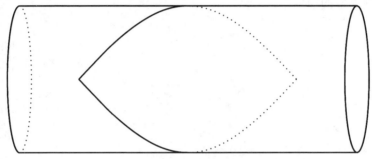

图 8.4 柱面上的一个直角二边形

假如我们能像把平面卷起来构成一个柱面那样,把三维空间也卷起来,也许就有可能构造出一个三杆。真正这样去做是不可能的,但是假如我们以一种不同的方式来看待柱面——不是看成一长条卷起来的平面,而是看成一个**周期平面**,我们就会明白该怎么做。这种视角事实上存在着一个古老的先例:它来自美索不达米亚,即位于现在的伊拉克的两河流域。

在 2003 年 4 月伊拉克国家博物馆被劫掠走的珍宝之中,有数以千计的小圆柱形石头,上面雕刻着优雅的图案,主要是人物、动物和植物。这些被称为**圆柱形印章**的石头属于 5000 年前的美索不达米亚文明所制造的最精美的艺术作品。它们被用来将(柱面上的)圆筒形图案转化成平面上的一个周期图案。这是通过将这个圆柱体在软黏土上滚动而得到的,如图 8.5 所示。人们通常并不把圆柱形印章视为一项数学成就,但是从某种意义上来说它们确实是,因为它们展示了柱面在一定程度上与周期平面是相同的。

图 8.5　美索不达米亚的圆柱形印章

假如我们滚动图 8.4 中的直角二边形图案,它就会在平面上压印出图 8.6 所示的一条直角锯齿形图案。

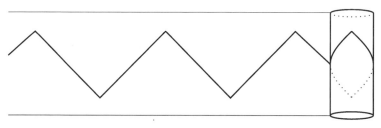

图 8.6　与二边形对应的直角锯齿形图案

居住在这个柱面上的一个二维生物很可能会宁愿将这个柱面看成平坦的,因为它**确实是**内蕴平坦的,正如我们在第 5.3 节中解释过的。虽然这样一个生物会将这个二边形视为一条锯齿形路径,但是当这个生物沿着这条路径往前走的时候,它会体会到一种不能自已的似曾相识的感觉。这不足为奇,因为每次到访一个(比如说)上方顶点时,不仅**看起来**一样,而且实际上也**是**一样的。这个生物在这个上方顶点做一个标记,在"下一个"上方顶点就会发现同样的标记,于是它就能确定这一点了。如果它进行一些更加周密的实验,它就会发现任一点处的标记都以恒定的距离(对于我们而言就是圆柱的周长)、在某个固定的方向(对我们而言就是垂直于圆柱轴线的方向)再次出现。

但是假如这个生物对于第三维毫无感觉,它仍然不会有能力想象这个柱面的圆形。对它而言,将这个柱面看成一个周期平面会更容易些:在这个空间中,每个物体都以有规律的空间间隔一再重复。假如光线沿着柱面的测地线传播,那么这个生物就可能实际看到这些重复,前提是沿着正确的方向看,并且一路上没有任何障碍物挡道。这种视图会与周期平面上的一个生物看到的视图完全相同。它不会像我们从这个周期平面**外部**看到的周期性那么清晰(比如说图 8.6 中的锯齿形视图),因为一个二维生物的整个视野范围只是一条直线。对于这样一个生物而言,周期性看起来会有点像图 8.7 的样子,这是一根被分成相等的黑白线段的直线的透视图。

图 8.7　一根直线的透视图

　　三维中的周期性看起来比这要复杂得多,从图 5.1 中所示的、被划分成相等立方体的平坦空间的视图,我们已经知道了这一点。不过,假如我们要从"圆柱形的"三维空间内部来想象视图,那么还是得要学会适应于此。我们当然不能从外面来看它们。

8.3 狂野事物的所在地

柱面是一个二维空间,它在一个方向上像一个圆,在与之垂直的方向上则像一条直线。一个生活在柱面上的生物会觉得自己生活在一个平面上,只不过这个平面在一个方向上呈现出周期性。这种描述很容易拓展到柱面的一个三维推广形式,我们可以称之为**三维柱面**。三维柱面是一个三维空间,它在一个方向上像一个圆,在与这个圆垂直的方向上像一个平面。一个生活在三维柱面上的生物会觉得自己是住在一个普通的三维空间里,只不过这个空间在一个方向上呈现出周期性。

这看起来会是什么样子呢? 下面这张马格里特的画(图 8.8)不能算

图 8.8 马格里特的《不可复制》(*La reproduction interdite*)

是非常准确的视图（而且无疑他当时也没有想到三维柱面），不过可以作为朝着正确方向迈出的一步。

三维柱面上的一个人在看着呈现周期性的方向时，会看到他自己的后脑勺——正如马格里特画里的那个人看着那面诡异的镜子。不过，在三维柱面上，他的后脑勺的影像会以相等的间隔无限多次出现。如果我们将他的头简化为一个球，那么在三维柱面的周期性方向上看到的视图就会类似于图8.9。

图8.9　三杆和三维柱面上的球

在这一视图中还会出现的一种东西看起来像是一个具有直角转角的周期性方形杆。但是当然，既然这个视图中的每个球实际上都是同一个球的一个新视图，那么这根杆靠近球的每个转角也实际上是一根闭合杆的同一个转角。数一下每两次重复之间的杆的段数，你会发现有三段。这根杆实际上就是一根三杆！

我希望这解释了三杆为什么确实存在于三维柱面上。然而三维柱面又在何种意义上存在呢？实际的物理空间大概并不是一个三维柱面,但是它也很可能不是"普通"的三维空间 $\mathbb{R}^3$,因此我们不能预期从天文学中获得这个问题的答案。不过,在数学上有好几种方法来实现三维柱面,其中每种方法都与普通柱面的实现相类似。我们可以将普通柱面称为**二维柱面**(2 - cylinder),以帮助我们进行这种类比。

- 正如二维柱面可以定义为 $\mathbb{R}^3$ 中所有到(比如说)x 轴距离为 1 的点所构成的一个物体,三维柱面也可以定义为 $\mathbb{R}^4$ 中所有到(比如说)(x, y) 平面距离为 1 的点所构成的一个物体。

- 正如二维柱面上的点都具有坐标 (x, θ),其中 x 是任意实数、θ 是任意角度,三维柱面上的点都具有坐标 (x, y, θ),其中 x 和 y 是任意实数、θ 是任意角度。

- 正如连接由两条平行线界定的一个长条平面的对边,就可以构造出二维柱面那样,连接由两个平行平面界定的一厚片空间的对立面,就可以构造出三维柱面。

最后一项中的"连接"过程对于数学构造的含义提出了进一步的问题。由于这些问题对于现代数学的许多部分都至关重要,我们在下一节中要花更多的篇幅来讨论它们。

8.4　周期世界

> 精确的定义……就是数学家想要两件不相等的东西相等时使用的花招。
>
> ——迈克尔·斯皮瓦克(Michael Spivak),《微分几何综合引论》
> (*A Comprehensive Introduction to Differential Geometry*)

将占据空间中不同位置的点"连接"起来,或者将不同的点称为"相同的",这在数学中是相当常见的做法。数学家是如何侥幸得逞的? 好吧,有些时候连接过程会有一个清晰的物理实现方法,比如说将一张纸条的对边连接起来做成一个普通柱面时就是如此。又或者有些时候,两种不同的操作导致了相同的结果,比如说旋转 360° 和旋转 0° 产生的结果就是相同的。正因为如此,我们说 0 和 360 是相同的角度(以度为单位),或者说 0 与 2π 是相同的角度(以弧度为单位)。

不过,当事物不相等时将它们称为相等的,这通常会引起困惑,而恰当的做法是将它们称为**等价的**(equivalent),并考虑等价于给定物体 A 的所有事物所构成的**类**(class)。于是只有当物体 A 和 B 的类相等时,它们才是等价的,并且**我们完全有权谈论等价的类之间的相等关系**。

为了揭示这种思考方式的优势,我们用它来对角度的概念给出一个严格的定义。正如刚才提到的,当以弧度为单位来度量角度时,角度 0 与角度 2π 是"相同的"。因此我们就令 0 **等价于** 2π,于是也就等价于 -2π,也等价于 $\pm 4\pi$,$\pm 6\pi$……以此类推。"角度 0"实际上就是实数的**等价类** $\{0,\ \pm 2\pi,\ \pm 4\pi,\ \cdots\}$。一般而言,我们定义

$$角度\ \theta = \{\theta,\ \theta \pm 2\pi,\ \theta \pm 4\pi,\ \theta \pm 6\pi,\ \cdots\}$$

这些数构成了一个无穷点序列,这些点沿着数轴的间隔是 2π。如图 8.10 中将 0 的等价类表示为一系列白色的点,而将 $\pi/2$ 的等价类表示为一系列灰色的点,图中还有单位圆上对应于角度 0 的单独一个相应白点和对应于角度 $\pi/2$ 的单独一个相应灰点。

于是相等的角度,例如"角度 $\pi/2$"和"角度 $5\pi/2$"就是**真正相等的**等

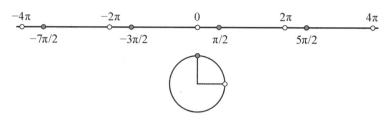

图 8.10　将角度表示为数的等价类

价类。在这个例子中,它们都是灰点的类。等价类还可以用一种令角度相加有意义的方式来**相加**。也就是说,我们令 θ 的类加上 φ 的类就是 $\theta +$ φ 的类。例如,我们想要让角度 π 加上角度 $3\pi/2$ 等于角度 $\pi/2$,而结果确实如此,因为 $\pi + 3\pi/2$ 的类**就是** $\pi/2$ 的类。

在将角度描述为等价类的过程中,我们也在将圆上的点描述为等价类,这是因为圆上的每个点都对应于一个角度。图 8.10 揭示了这一点:圆上的那个白点对应于直线上的白点构成的类,圆上的那个灰点对应于直线上的灰点构成的类,以此类推。因此,这个圆就是一条**周期直线**,这与二维柱面是一个周期平面和三维柱面是一个周期空间的意义是相同的。

现在我们知道了周期直线是什么,那么我们就可以将二维柱面描述为一个平面。在这个平面上的一根轴是一条普通直线,而另一根轴就是一条周期直线。这就解释了坐标 (x, θ) : x 是普通直线上的坐标,而 θ 则是周期直线上的坐标,也就是一个角度。同理,三维柱面是一个空间,在其中有两根轴是普通直线,而第三根轴则是一条周期直线,因此它的坐标是 (x, y, θ)。

8.5　周期性与拓扑学

用周期直线来代替普通直线的这一自由应用,让我们能够构造出在不止一个方向上呈现出周期性的面和空间。例如,一个具有两根周期直线轴的平面就称为一个**环面**(torus)或一个**二维环面**(2‐torus)。正如我们连接一个长条平面的对边而构造出一个柱面那样,我们也可以按照图8.11中的方式,用一个**正方形**通过连接其对边而构造出一个环面。

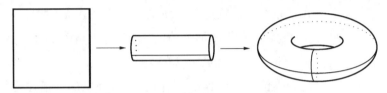

图 8.11　用一个正方形来构造二维环面

正方形的各对边都平行于轴,而它们的长度则是等价点之间的距离。因此通过连接这些对边,我们就将等价点连接起来了,并且对于周期平面上的点的每个等价类,环面上都恰好有一个对应点。第一步,连接上边与下边,这与构造二维柱面完全相同。这个过程中不需要变形(用一张纸条就可以做到),因此结果得到的面仍然局部像平面。不过,第二步不经过变形就**不可能做到**了:**将这个有限长柱面的两端连接起来,就产生了一个具有可变曲率的面**。因此结果得到的"面包圈"表面并不是二维环面在几何上忠实的模型,这是与周期平面不同的地方。尽管如此,这个面包圈还是更好地揭示了二维环面的一些**定性**的性质,即所谓的**拓扑性质**。这些性质包括:它是有限的,并且存在着一些不将这个面分开的闭合曲线,比如说那两条"连接线"。

同理,以三根相互垂直的周期直线为轴的空间被称为**三维环面**(3‐torus)。从拓扑学上来说,这是将一个立方体的各相对面连接起来而得到的结果,不过要想象出这个过程恐怕是徒劳的。最好是想象一个类似普通空间,但是在三个方向上都呈现出周期性的空间。在图8.12的帮助下很容易想象出这样的空间。

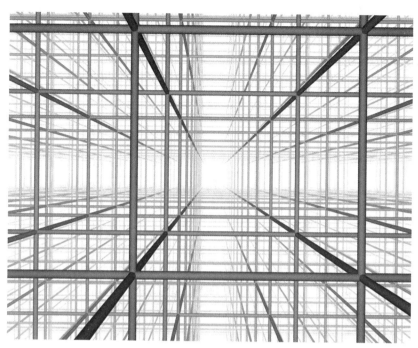

图 8.12　从三维圆环面内部看到的视图

这幅图先前在第 5 章中被用来表示 $\mathbb{R}^3$ 的图像,现在将它解释为从一个三维环面内部看到的视图。将每个立方体都想象成同一个三维环面的一次重复。假如你是在这个三维环面的内部,那么你就会在每一单个立方体中都看到一个你自己的影像——很像是你从一个由镜面构成的立方体内部看到的景象,只不过在这个三维立方体内部,你的所有影像都面向同一个方向,并且你可以穿过这些镜面。像二维环面一样,三维环面也是一个有限的空间,并且里面还包含着许多不将它分开的圆环形表面(立方体的每个面都是这样一个圆环形表面):它们没有"内部"或"外部"。三维环面与二维环面的另一个相似之处是,它也是一个完全光滑的空间。图 8.12 中的那些直线只不过是画在它上面的一些"标记",而不是这个空间的一个内蕴的部分。

这些表面和空间都是**流形**(manifold)的最简单的一些例子,流形是指局部类似于普通空间但整体"卷绕起来"的空间。它们的关键性质都是拓扑的,人们为了研究它们而建立了**拓扑学**(topology)。就在最近,拓扑学家已经开始与天文学家合作,试图确定这样一个问题:哪一种流形是物理上的宇宙?天文学家通常假设宇宙是有限的,因此它就不可能像 $\mathbb{R}^3$ 或三维柱面。它在拓扑上可能与三维球面或三维环面相同,因为这两者都是有限的。不过,还有无穷多种其他选项,它们涉及更加复杂的周期性。第 5 章中用于描述双曲空间的那幅图也表示了一种可能性,我们将它作为图 8.13 重新呈现在此。

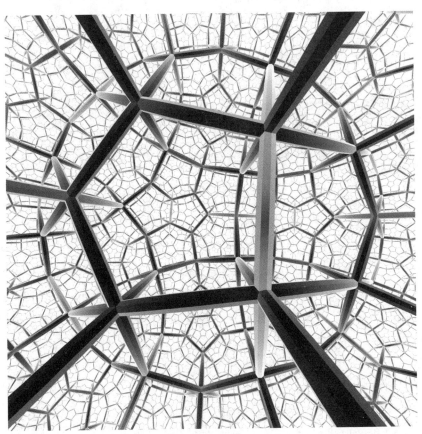

图 8.13　十二面体空间(取自《非节点》(*Not Knot*, A. K. Peters, 1994))

这幅图显示了一种非欧周期性,也可以将它解释为从一个**十二面体空间**内部看到的视图。十二面体空间是将一个十二面体的各相对面连接起来而得到的一种流形。图中的每个十二面体胞形都是同一个十二面体空间的一次重复。

有了更加强大的望远镜，我们也许有朝一日能**观察到宇宙中的周期性**，并由此确定它的拓扑本质。如果读者想要了解更多这一离奇难懂的可能性，以及关于三维流形的通俗易懂的资料，请参阅威克斯（Jeffrey Weeks）的《空间的形状》（*The Shape of Space*）一书。我还要推荐威克斯的用于观看三维空间的免费软件，可在以下网站找到：http：\\www.geometrygames.org/CurvedSpaces/。在这些空间中，你可以看到三维环面和十二面体空间，还有一些内部视图是一个周期三维球面的空间。

物理学家对于三维以上的流形也有兴趣。有人推测其实空间有好几个维度，但是这些维度都是周期性的，而它们的周期又太小，因此我们无法直接观察到。这些推测对应的数学理论被称为**弦论**（string theory），想要了解更多的读者可参见格林（Brian Greene）的《优雅的宇宙》（*The Elegant Universe*）一书。

8.6　周期性简史

太阳、月亮和恒星在天空中有明显的转动,这些在时间中和在圆周运动中的周期性总是与我们同在。当一个点以恒定的速率沿着单位圆运动时,它到圆心的水平和竖直距离会发生周期性的变化,而描述这种随着角度 θ 变化的函数是两个**三角函数**:余弦和正弦(见图 8.14)。

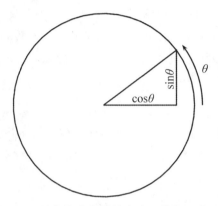

图 8.14　以角度为变量的余弦函数和正弦函数

作为时间 t 的函数,这个动点的水平距离(余弦)和竖直距离(正弦)分别周期性地在-1 和 1 之间发生变化,如图 8.15 所示,其中余弦用灰色曲线表示,正弦用黑色曲线表示。这两条曲线具有相同的形状——我们从圆的对称性就可以预料到这一点——这种形状被称为**正弦波**(sine wave)。

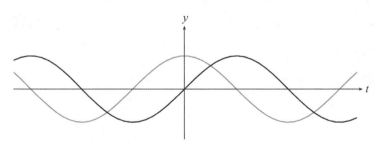

图 8.15　以时间 t 为变量的余弦函数和正弦函数

正弦波实质上就是一维周期性的全部故事了。1713 年,英国数学家泰勒(Brook Taylor)发现,(在 y 方向上按比例缩减的)正弦波就是简谐振动的形状（如本书中的图 1.2 所示）。1753 年,瑞士数学物理学家丹尼尔·伯努利(Daniel Bernoulli)根据将听到的声音分解为单音的体验正确地猜测到,**任何振动都可以化为简谐振动之和**。由此得出的结论是,这根线上的任何一个合理的周期函数都是正弦波之和(可能是无穷和)。1822 年,法国数学家傅里叶(Joseph Fourier)将伯努利的猜想精炼成了一个数学分支,现在被称为**傅里叶分析**(Fourier analysis)。简而言之,傅里叶分析的内容是说,你听到的就是你得到的:一维周期性可归结为一些正弦波,因此最终就归结为圆的性质。

二维中的周期性,或者复数的周期性,是一个相对来说较新的发现。它是从早期的微积分中,尤其是在试图求出曲线弧长的过程中出现的。正如我们在第 4 章中看到的,即使对于圆来说,这也是一个令人望而生畏的问题,然而它却可以在积分和无穷级数的帮助下得到解答。更困难的问题是从椭圆的弧长开始的,而这些问题就导致了所谓的**椭圆积分**(elliptic integral)和**椭圆函数**(elliptic function)。

椭圆积分的一个例子是从某一给定起点开始计算一个椭圆的弧长 l,而椭圆函数的一个例子是将椭圆上一点的高度表示为弧长 l 的一个函数 $f(l)$ (见图 8.16)。

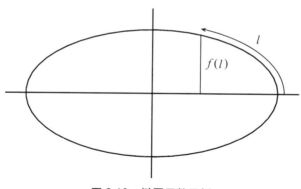

图 8.16　椭圆函数示例

既然椭圆是一条闭合曲线,那么它的周长就是固定的,即存在 λ,使得 $f(l + \lambda) = f(l)$。椭圆函数 f 具有**周期性**,其周期为 λ,这就好像正弦函数

是周期为 2π 的周期性函数。不过,正如高斯在 1797 年发现的,椭圆函数的趣味甚至还不止于此:它们还有第二个**复**周期。通过表明某些函数应该被视为复**平面**上的函数,高斯的这一发现完全改变了微积分的面貌。并且正如直线上的周期函数可以看作在一条周期直线上的函数——即一个圆上的函数,椭圆函数也可以被视为一个**双周期平面**上的函数——即一个二维环面上的函数。19 世纪 50 年代,高斯的学生黎曼(Bernhard Riemann)证明,可以将环面作为椭圆函数理论的**起点**,于是它们的双周期性就变得和三角函数的单周期性一样自然了。(将它们称为"圆环函数"可能会更好,不过由于历史原因,我们似乎摆脱不掉"椭圆函数"这个名字了。)

双周期性比单周期性更为有趣,这是由于它的变化更多。实际上只存在着一种周期直线,因为在不计缩放比例的情况下,所有的圆都是相同的。然而即使在忽略缩放比例的情况下,双周期平面仍然有无穷多种。原因在于,两根周期轴之间的角度是可以变化的,而周期长度的比例也可以变化。双周期平面的一般图像由复平面上的一个**点阵**给出:一组具有 $mA + nB$ 形式的点,其中的 A 和 B 是从 O 点指向不同方向的非零复数,m 和 n 遍历所有整数。我们说 A 和 B **生成**了这个点阵,因为其中包括了它们的所有和与差。

图 8.17 给出了一个例子。这个点阵中包含着一些黑点,它们都是等

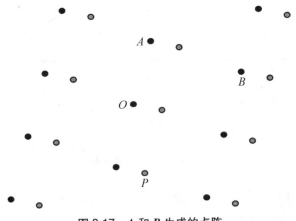

图 8.17 A 和 B 生成的点阵

价于 O 的点。任意点 P 的等价类是"P 加上这个点阵"——所有具有 $P +$ $mA + nB$ 形式的点（图中的灰点）。每个等价类都对应于二维环面上的一个单独的点。

非欧周期性

总共有多少种"本质上不同"的双周期平面？答案是：跟平面上的点一样多。如果双周期平面的点阵具有不同的形状，我们就认为它们是不同的，而每种形状都可以用一个复数来描述，即 A/B。事实上，A/B 这个数精确描述了两条邻边为 OA 和 OB 的平行四边形的形状（见图 8.18）。它的绝对值 $|A|/|B|$ 是这两条边长之比，它的角度 $\alpha - \beta$ 是这两条边之间的夹角——而边长之比和夹角显然就决定了该平行四边形的形状。（假如你需要温习一下复数的除法，请回过去看一下第 2.6 节中关于复数乘法的讨论。）

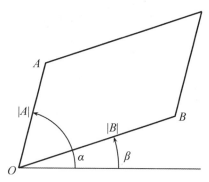

图 8.18　为什么 A/B 精确描述了平行四边形的形状

因此，具有 $mA + nB$ 形式的点所构成的点阵的形状就可以表示为复数 A/B。不难看出，任何非零复数都表示一种点阵形状，因此从某种意义上来说，**点阵形状存在于整个平面**。更加有趣的是：**点阵形状平面是一个周期平面**，因为不同的数表示同一个点阵。你思考一下就会发现，这是很明显的。例如，由 A 和 B 生成的点阵也是由 $A+B$ 和 B 生成的，因此 $C =$ A/B 这个数所表示的点阵也可以由 $(A + B)/B = (A/B) + 1 = C + 1$ 这个数来表示。同理，由 A 和 B 生成的点阵也是由 $-B$ 和 A 生成的，因此 $C =$

A/B 这个数所表示的点阵也可以由 $-B/A = -1/C$ 这个数来表示。由此可见,对于复平面上的任何数 $C \neq 0$, $C+1$ 和 $-1/C$ 都等价于 C。这指的是它们都表示同一种点阵形状。

可以证明,所有等价于 C 的数都可以通过这两种操作来达到:加 1 以及取负倒数。加 1 当然只是通常类型的周期性,不过当这步操作与取负倒数交织在一起时,结果就产生了图 8.19 中所示的复杂周期性。图中只显示了上半平面,因为每种点阵形状都可以用上半平面中的一个点来表示。灰色的类似三角形的部分包括了每种点阵形状的一个代表数。将它反复地加 1 并取负倒数,就得到了其他区域。例如,灰色部分正上方的那个区域是由灰色部分内部的所有点的负倒数构成的。

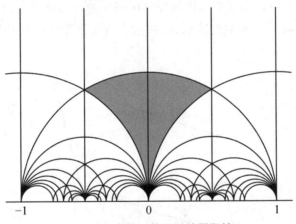

图 8.19　点阵形状平面的周期性

高斯在 1800 年前后首次发现了这种周期性模式。他对与椭圆函数相关、但也与数论相关的点阵形状感兴趣(请回忆一下,我们在第 7 章中提到过与复数相关的点阵)。然而他并没有发表这些想法,而他的结果后来也由其他人重新发现。挪威数学家阿贝尔(Niels Henrik Abel)和德国数学家雅可比(Carl Gustav Jacobi)在 19 世纪 20 年代首先发表了椭圆函数的双周期性。点阵形状平面的周期性在对**椭圆模函数**(elliptic modular function)的研究过程中再度出现,这个函数本质上就是一个点阵形状函数,由雅可比在 19 世纪 30 年代引入。

人们在 19 世纪 70 年代遇到了其他一些具有类似周期性的函数。法国数学家庞加莱在 1880 年认识到了它们的共同之处：**双曲平面的规则铺陈**的周期性。这是第一次在既往已存在的数学中发现双曲几何。这导致庞加莱和他的德国同僚克莱因狂热地探索非欧周期性的世界。"周期平面"（不过当时用的并不是这个词）这一理念正是起始于这个时期。克莱因意识到，通过将平面上的每个等价点的类当作一个曲面上的单独一个点来处理，就可以更好地处理非欧铺陈的复杂性。他通过将一片铺陈片——双曲平面上包括每个等价类的一个代表的多边形——的边界上的等价点连接起来，构造出了这个曲面。这就好像我们在第 8.5 节中用双周期欧氏平面中的一个正方形构造出环面。

一个曲面上的各"点"为双曲平面中的等价类，这种曲面的最简单例子是我们从第 5.6 节和第 5.7 节中知悉的**伪球面**。伪球面是柱面的双曲类比，将双曲平面中由渐近线所界定的一片楔形的对边上的等价点连接起来，就得到了伪球面。

由双曲平面中的周期性而产生的曲面与柱面或圆环面相似，但一般而言更加复杂。它们可能会具有任何数量的"洞"。当我们像庞加莱在 1895 年所做的那样，将这个概念拓展到三维或更高维的空间时，结果得到的物体就更加复杂了。要处理关于周期性的定性几何性质，需要一个崭新的数学分支。庞加莱在 1895 年发表的论文中为此目的而创建了这门现在所谓的**代数拓扑学**（algebraic topology）。我们对于三维空间的拓扑学仍然不完全理解，而庞加莱关于这点的问题之一——所谓的**庞加莱猜想**（Poincaré conjecture）——也是现今数学中最著名的未解问题之一①。

---

① 此问题已在 2006 年确认由俄罗斯数学家佩雷尔曼（Grigori Perelman, 1966—）完成最终证明，他也因此在同年获得菲尔兹奖，但他拒绝领奖。可参见欧谢著，孙维昆译，《庞加莱猜想》，湖南科学技术出版社，2010。——译注

第9章　无穷

概况预习

　　从前几章得到的教益似乎是，在数学中条条大路通无穷。无论如何，大多数试图研究不可能的尝试都以这种或那种方式需要用到无穷：不一定是无穷大，不一定是无穷小，但肯定是无穷多。

　　我们可以没有无穷**数**，但是不能没有无穷**集**，特别是正整数集 $\{1, 2, 3, 4, 5, \cdots\}$ 和实数集 $\mathbb{R}$ 。我们从实数集构造出平面 $\mathbb{R}^2$、欧几里得空间 $\mathbb{R}^3$，以及它们之中的各种曲线和曲面。

　　虽然我们是在数轴上首先遇到 $\mathbb{R}$ 的，不过我们也遇到了数轴上的一些重要的点，比如说整数点和有理数点，以及无理数点 $\sqrt{2}$ 和 π。在第 1 章中，我们看到了如何能够将 $\sqrt{2}$ 理解为由有理数构成的无穷集中的一个间隙。在这里，我们尝试扩充这种理解，从而同时涵盖所有的无理数，并由此将数轴理解为一个点集。

　　这使我们要面临一个看起来似乎不可能的情形，因为我们不可能一次一个元素地去把握 $\mathbb{R}$，而是只能将它当成一个整体。

　　为了面对这一困难，我们首先来检查所谓的**可数集**（countable set），比如说正整数，我们可以一次一个元素地去了解它。有理数集也是可数集,但是无理数集**不是**可数集,因此实数集 $\mathbb{R}$ 也就不是可数集。

我们来解释为什么 $\mathbb{R}$ 不是可数的,从而说明事实上每个可数集在数轴上"几乎不占地方"。我们还要指出这种情况的一些结果,比如说存在着一些非代数数。虽然这样的数很难逐个找到,但是它们涵盖了"几乎所有"的实数。

9.1 有限和无穷

对于无穷,我们应立即动手。对于有限,可能还有待时日。

——犹拉姆(Stan Ulam),转引自麦克海尔(D. MacHale)的《漫画节》

(*Comic Sections*)

就我们所知,宇宙是有限的。根据目前人们深信的宇宙学观点,宇宙开始于有限多年以前,从大小为零开始,并且自那时以来一直在以有限的速率膨胀。因此它有着有限的年龄、有限的大小,并包含着有限数量的粒子。

人类的创造物,诸如数学证明之类,也是有限的。因此,对于存在无穷的一种证明,其本身可能就存在于一个有限的宇宙之中,从而给出的"证明"也就是错误的。因此,无穷的存在是不可能得到证明的。然而……这是一个如此**方便**的假设。

我们从本书前几章的内容中应该已经很清楚地知道,无穷是数学家最早的避难所。我们最钟爱的那些数,其中有一些只能用无穷过程来描述,比如说 $\sqrt{2}$ 和 π。无穷是平行线相交的地方。一个"理想数"可以用一个由实际数构成的无穷集来表示,而一个虚幻的有限物体——三杆——则可以用一个实际的无穷物体,即一根周期杆来表示。正如犹拉姆在上面的引文中所评述的那样,关于无穷的问题总是比关于有限的问题要来得**容易**。

例如,我们在第 4.8 节中求出无穷级数 $1 - \dfrac{1}{3} + \dfrac{1}{5} - \dfrac{1}{7} + \cdots$ 的和是 $\pi/4$。

你愿意求一下有限级数 $1 - \dfrac{1}{3} + \dfrac{1}{5} - \dfrac{1}{7} + \cdots + \dfrac{1}{1\,000\,001}$ 的和吗?

因此,"渴望不可能"在许多情况下是一种对于无穷的渴望,而要理解数学梦想是如何实现的,我们就需要懂一点关于无穷的知识。

我是故意说"一点"的,因为我想要尽可能使本章简短一些。关于无穷,最了不起的事情在于,我们似乎可以用有限多个词语来精确描述它,因此假如要我表明一下观点的话,那就是说得越少越好。我的意思就是要用以下这类措辞:

考虑数列 1，2，3，4，5，…，其中每个数都有一个后继的数。

我们之中的大多数人都乐于将其视作无穷数列，因为我们**更难**相信另一种可能性——这个数列会终止于一个没有后继的数。这就像是卢克莱修论证无穷空间的论据中所提出的那种情形（第 5.1 节）：假如你认为存在着一个尽头，那么你到那里用力向外掷出一根长矛，结果会发生什么？（或者在本例中到最后一个数，然后再加上 1，结果会如何？）通过周期性也无法逃脱无穷，因为加上 1 总会产生一个更大的数，因此也就是一个新的数。无可否认，每一个数都有一个后继者这一假设是无法证明的。但是与此相反的假设也无法得到证明，而且其可信度及有用性都要低得多。

我们对这个问题思考得越多，就越清楚地知道，全部数学的出发点就是由**正整数** 1，2，3，4，5，…构成的这一无穷数列。这个数列是无穷的，其原因在于，它是由一个没有终结的过程产生的——从 1 开始并不断加 1。人们直到 19 世纪才开始认为有必要将所有正整数的集合 {1，2，3，4，5，…} 作为一个完整的整体来加以考虑。事实上，这样的想法曾遭到许多数学家和哲学家的强烈谴责。

9.2 潜在的无穷与真实的无穷

关于你的证明,我必须对你将无穷当作某件臻于完美的事物来使用提出最强烈的反对,因为这在数学中是绝不允许的。无穷只不过是一种比喻上的说法,它是以缩略形式作出这样一个陈述:存在着一些极限,从而某些比例可以按照我们希望的程度接近这些极限,而其他的量则可以允许增大到超过所有界限。

——高斯写给舒马赫(H. C. Schumacher)的信,1831 年 7 月 12 日

正整数 1, 2, 3, 4, 5, …构成的数列是所有无穷数列的典范:它有一个**首项**(1)和一个从每一项过渡到下一项的**生成过程**(加 1)。其他的例子还有

$$1, \frac{1}{2}, \frac{1}{4}, \frac{1}{8}, \frac{1}{16}, \frac{1}{32}, \cdots$$

(首项:1;每一项是前一项的一半);

$$2, 3, 5, 7, 11, 13, 17, \cdots$$

(首项:2;每一项是前一项的下一个素数);

$$1, 1 - \frac{1}{3}, 1 - \frac{1}{3} + \frac{1}{5}, 1 - \frac{1}{3} + \frac{1}{5} - \frac{1}{7}, 1 - \frac{1}{3} + \frac{1}{5} - \frac{1}{7} + \frac{1}{9}, \cdots$$

(首项:1;每一项加上 π/4 的无穷级数中的下一项)。

我们用来表示一般无穷数列的符号 x_1, x_2, x_3, x_4, x_5, … 清楚地表明了它是如何模仿正整数列的。对于每个正整数 n,都存在着一个"第 n 项" x_n,因此将这些项排列成一个无穷数列,就是一个相当于**计数**"1, 2, 3, 4, 5, …"的过程。事实上,正是由于这个原因,其任何成员能排列成一个无穷数列的集合都被称为**可数的**。明确指定集合的第一个成员、第二个成员、第三个成员……并且通过某些排列使得每个成员都出现在由某个正整数标定的阶段(从而每个成员都只有有限多个前趋成员),于是该集合就得到了"计数"。

用这种方式来对一个集合进行计数,就使其成员形成了某种顺序,不过这种计数顺序可能并不是这个集合的自然大小顺序。例如,考虑 0 到 1 之间的有理数集合。按照这些数的自然排序,这个集合没有第一个成员,并且任意两个数之间有无穷多个其他数。不过,我们有可能罗列出 0 到 1 之间的所有有理数,其方法是先取 1/2,然后取以 3 为分母的分数 1/3,2/3,然后再取以 4 为分母的分数 1/4,3/4,以此类推。分母小于等于 6 的项有

$$\frac{1}{2}, \frac{1}{3}, \frac{2}{3}, \frac{1}{4}, \frac{3}{4}, \frac{1}{5}, \frac{2}{5}, \frac{3}{5}, \frac{4}{5}, \frac{1}{6}, \frac{5}{6}, \cdots$$

并且 0 到 1 之间的每个有理数 m/n 都在某个有限的阶段出现,因为分母小于等于 n 的有理数只有有限多个。我们也不难通过修改这一概念来获得一个**所有**有理数的列表(提示:按照分子和分母的绝对值之**和**来排列)。最令人惊奇的也许是我们可以列出所有**代数数**。我们会在第 9.5 节中看到这一点。这样初看起来,似乎会让人觉得所有无穷集都是可数的,因此相当容易掌握。

　　一个可数集是无穷的,但只是"潜在"如此,因为每个成员都会在某个有限阶段出现。我们不需要设法了解这个集合的所有成员——只需要了解产生它们的过程。从古代一直到 19 世纪,人们一直认为这是无穷在数学中唯一可以被接受的使用。事实上,直到 1874 年之前,这似乎一直是唯一必需的用途,因为直到那时人们还只知道可数集。

　　不过,高斯是坚持抵抗完全无穷的最后几位重要数学家之一。自那以后,数学的趋向与他在上面引文中的观点背道而驰:我们现在将无穷当成是真实的,而将"接近"和"增大"视为比喻上的说法。这很可能是由于下一节中将会讨论的不可数集的发现,但也是由于**时间**和**运动**在数学所考虑的意象中的作用日渐式微了。

　　时间这个概念在数学中的全盛时期是从 1650 年到 1800 年,在此期间无穷小微积分几乎将整个物理世界都纳入了数学的范围。微积分不仅仅解决了有关变化和运动的问题——变化和运动还被认为是微积分的**基**

无

第 9 章
穷

257

础概念。例如，牛顿在 1671 年认为，所有关于曲线的问题都归结为以下两类：

1. 连续地（即每一时刻）给出通过的空间长度，求任意确定时刻的运动速率。

2. 连续地给出运动的速率，求任意确定时刻描述的空间长度。

如今，正是"变化"或"过程"的概念，才是数学中的一种比喻说法，这是因为数学存在无时间性。例如，通过反复增加 1 来产生正整数的"过程"并**不**随着时间的变化而产生。我们倾向于，比如说想象某人在一张纸上写一个数，但这只是一种心理意象。我们并不真的相信存在着一个迄今为止被创造出来的最大的数，并且明天会存在一些更大的数。假如正整数存在，那么它们就**都**存在。在数学对象构成的无时间性的世界里，潜在的无穷就是一种真实的无穷。

无时间性（真实的无穷）与不可数性之间的关联是由我们在第 2.1 节中介绍的实数所构成的数轴 $\mathbb{R}$ 建立起来的。作为一个几何对象，这根数轴几乎尽可能达到了最简单——更简单的只有点了——然而**点与这根数轴之间的关系却几乎可谓高深莫测**。在第 1 章中，我们看到了由于像 $\sqrt{2}$ 这样的无理数的存在而导致的复杂情况，但这些与把握**所有**无理数的问题比起来就是小巫见大巫了。首先发现这个问题的深度的，是 19 世纪的德国数学家戴德金和康托尔（Georg Cantor）。

9.3 不可数的

假如直线上的所有点都属于两类,使得第一类的每个点都位于第二类的每个点的左侧,那么有且仅有一个点造成了将所有点分成两类的分割,它将这根直线分成两部分。

……倘若我的读者们得知连续性的秘密将由这种平淡无奇的评述揭示出来,那么他们之中的大多数人都会对此大为失望。

——戴德金,《连续性与无理数》(*Continuity and Irrational Numbers*)

正如我们在第 1.3 节中看到的,毕达哥拉斯学派发现有理数没有填满整条数轴:这些**间隙**就是诸如 $\sqrt{2}$ 或 $\sqrt{3}$ 这样的无理数出现的地方。大约一个世纪之后,欧多克索斯认识到这些间隙本身的表现也像是数:一个间隙具有单独一个点的宽度,因此通过参照这些间隙在有理数之间的位置,就有可能对它们进行比较、相加和相乘(见第 1.5 节)。不过,古希腊人只能处理单独的间隙,因为他们不接受完全的无穷。考虑全体有理数还是一个禁忌,更不用说全体间隙了,到高斯的时代仍然如此。

戴德金在 1858 年首先将连续的数轴看成是全体有理数加全体间隙(或者按照他的叫法是有理数之中的"切断")。数轴是连续的——没有间隙——原因很简单,因为所有间隙已经包括在内了!这也许听起来像是一个笑话,但倘若真是这样的话,那也是一个很好的笑话。虽然你可能觉得在每个间隙里都填上一个无理数(比如说 $\sqrt{2}$)更可取,但其实并没有什么比用一个无理数在有理数之间制造的间隙更好的方法来描述它了。

戴德金对数轴的定义做到了尽可能简单,但并没有做到更简单。它确实需要我们接受在作为一个完整整体的有理数之中存在着无穷多个间隙。而且,仅靠潜在无穷的解释可以消除无穷多个有理数,但这种方法却无法消除无穷多个间隙。尽管看起来令人难以置信,但是间隙比有理数**更多**,因为**由间隙构成的集合不是可数的**。因此,接受数轴是一个数集就意味着打破针对实际无穷的禁忌,从而进入一个以前未知的不可数集的世界。

为什么 $\mathbb{R}$ 是一个不可数集

不可数性是康托尔在1874年发现的,当时他证明了实数集 $\mathbb{R}$ 是不可数的。(由此得出的结论是,无理数集也是不可数的,因此可数的有理数集在实数集中就有多到不可数的间隙。)证明方法是通过揭示**实数构成的任意可数集都不是 $\mathbb{R}$ 的全部**。康托尔1874年的证明相当微妙,而我更喜欢下面这种证明,它是德国数学家哈纳克(Adolf Harnack)1885年的一种想法。

哈纳克证明了一个可数的数集可以用一段段总长度很小(当然小于整根数轴的长度)的线段来覆盖,因此一个可数集就不能填满整根数轴。这里有一种简单的做法,证明覆盖一个可数集基本上就相当于找到一个具有有限和的无穷级数。

假设 $\{x_1, x_2, x_3, x_4, \cdots\}$ 是一个由实数构成的可数集。让我们用一根长度为0.1的线段来覆盖 x_1 这个点,比如说从 $x_1 - 0.05$ 到 $x_1 + 0.05$ 的线段。类似地,用一根长度为0.01的线段来覆盖 x_2,用一根长度为0.001的线段来覆盖 x_3,用一根长度为0.0001的线段来覆盖 x_4,以此类推。于是整个可数集 $\{x_1, x_2, x_3, x_4, \cdots\}$ 就被一个总长度至多为

$$0.1 + 0.01 + 0.001 + 0.0001 + \cdots = 0.1111\cdots = 1/9$$

的线段集所覆盖。但是整个 $\mathbb{R}$ 轴长度无限,因此也就没有完全被这些区间所覆盖。可见,可数集 $\{x_1, x_2, x_3, x_4, \cdots\}$ 没有包含所有实数。(得证)

以上证明显示了任何可数集都可以被总长度至多为1/9的区间所覆盖,但是我们显然不一定要选择0.1, 0.01, 0.001, 0.0001, …这些长度来覆盖这个集合中的相继各点 $x_1, x_2, x_3, x_4, \cdots$。我们原本可以选择只有它们的1/10的长度,于是得到的总长度至多为1/90;或者选择它们的1/100的长度,于是得到的总长度至多为1/900——或者随便什么长度。**对于任意长度 l,无论它有多么小,一个可数集总是能够被总长度至多为 l**

的区间所覆盖。因此,假如我们认为可数集本身具有一个长度的话,那么这个长度就只能为零。

特别地,有理数集的总长度为零,正因为如此,我们说**几乎所有实数都是无理数**。一般而言,我们说"几乎所有"数都具有某种性质,那么没有这种性质的数构成的某个数集,其长度为零。几乎所有数都是无理数,而具体的无理数(例如 $\sqrt{2}$)却又很难找到,这看起来真是非同寻常。要证明存在着一些具有奇特性质的数,有时最简单的方式就是证明只有可数多个数是**不奇特的**!

9.4 对角线论证

哈纳克对于可数集具有零长度的证明以炫目的风格揭示了数的任何可数集 $\{x_1, x_2, x_3, x_4, \cdots\}$ 都不可能是 $\mathbb{R}$ 的全部。但是,假如有人(比如说来自密苏里州①的传奇人物)要求你向他**展示**一个不在 x_1, x_2, x_3, x_4, $\cdots$ 这张无穷清单中的数 x,那你又该如何去做呢? 假如你仔细看的话,哈纳克的这个证明还告诉了你在何处会找到这样一个 x。即使你对哈纳克的证明已感到满足,但是再花点力气还是绝对值得的,因为它揭示了通向不可数性的一条更加直接的路径。

我们再次用区间来覆盖 x_1, x_2, x_3, x_4, $\cdots$,不过现在我们同时还构造出 x,比如说令它在 0 和 1 之间,从而使 x 满足:

在包含 x_1 的区间之外,

并且在包含 x_2 的区间之外,

并且在包含 x_3 的区间之外,

并且在包含 x_4 的区间之外,

并且在包含 x_5 的区间之外,

以此类推。

这是很容易做到的,因为

1. 我们可以将包含 x_1 的区间取为由一直到与 x_1 的第一位小数(包括第一位小数在内)都相同的所有数构成。例如,若 $x_1 = 3.14159\cdots$,就将区间取为从 3.1 到 3.2。于是在这个区间**之外**的一个 x 就可以是任何与 x_1 在第一位小数上不一致的数。

2. 我们可以将包含 x_2 的区间取为由一直到与 x_2 的第二位小数(包含第二位小数在内)都相同的所有数构成。于是在这个区间**之外**的一个 x 就可以是任何与 x_2 在第二位小数上不一致的数。

3. 类似地,我们可以通过区间的选取,使 x 与 x_3 在第三位小数上不

---

① 密苏里(Missouri)是美国的一个州,而美国口语中"from Missouri"的意思是"不轻易相信""不看见事实绝不相信"。——译注

一致,与 x_4 在第四位小数上不一致,与 x_5 在第五位小数上不一致,以此类推。

于是,假如我们按照以上方式选取覆盖 x_1, x_2, x_3, x_4, … 的区间,那么只要简单地**避开** x_1 的第一位小数,然后避开 x_2 的第二位小数、x_3 的第三位小数、x_4 的第四位小数,并以此类推,就可以构造出一个在所有这些区间之外的实数 x。此时此刻,我们认识到这些区间实际上是无关紧要的:**我们可以使 x 与每个 x_n 在第 n 位小数上不一致,就可以使 x 不同于 x_1, x_2, x_3, x_4, …中的每一个。**

这种证明一个可数集不包括所有实数的论证是康托尔在 1891 年设计出来的(不过它也许隐含在早先的 $\mathbb{R}$ 是不可数的那些证明中)。这种论证方法常常被称为**对角线论证法**(diagonal argument)或**对角线化**(diagonalization),因为它只利用 x_1, x_2, x_3, x_4, … 的小数展开形式列表中的那些"对角线"上的数字来构造出一个新的数 x。

例如,假如

$$x_1 = 3.\underline{1}41\ 59\cdots$$
$$x_2 = 2.1\underline{7}2\ 81\cdots$$
$$x_3 = 0.54\underline{7}\ 71\cdots$$
$$x_4 = 1.414\ \underline{2}1\cdots$$
$$x_5 = 1.732\ 2\underline{1}\cdots$$
$$\vdots$$

(9.1)

那么我们就使 x 依次与每个带有下画线的数字不一致:于是 x 的第一位小数就**没有** 1,第二位小数没有 7,以此类推。

这种论证中唯一的风险是可能会产生这样一个 x:虽然它与每个 x_n 都有不同的数字,但却等于其中之一——例如 0.999…等于 1.000…这种形式。各位数不同的相等数都包含着数字串 000…或 999…,因此我们只要不在 x 中使用 0 或 9 就能避免这种风险。特别是,我们可以根据以下规则来选定 x:

$$x \text{ 的第 } n \text{ 位小数} = \begin{cases} 2 & \text{假如 } x_n \text{ 的第 } n \text{ 位小数为 } 1 \\ 1 & \text{其他情况} \end{cases}$$

这对于式(9.1)就给出了 $x = 0.211\,12\cdots$。根据这条规则产生的 x 具有与所有 x_1, x_2, x_3, x_4, x_5, $\cdots$ 都不同的各位数字,因此 x 就必然**不等于** x_1, x_2, x_3, x_4, x_5, $\cdots$,因为 x 的小数点之后不出现 0 或 9。

9.5 超越数

1874 年,康托尔很清楚地知道这个世界还没有为不可数集做好准备。他的这项革命性的发现被隐藏在一篇论文里,论文的题目(译自德语)是《论所有实代数数集合的一项性质》(*On a property of the collection of all real algebraic numbers*),而他所阐明的这项性质事实上就是这个集合的**可数性**。当他开始证明对于任何可数集 $\{x_1, x_2, x_3, x_4, x_5, \cdots\}$,我们都可以找到一个实数 $x \neq x_1, x_2, x_3, x_4, x_5, \cdots$,此时不可数性就悄无声息地潜入了。当将 $\{x_1, x_2, x_3, x_4, x_5, \cdots\}$ 取为代数数的集合时,他的构造方法就由此给出一个**不是代数数**的 x。这件事很有意思,因为当时人们所知道的非代数数的例子还寥寥无几。

有理数和某些像 $\sqrt{2}$ 这样的无理数都给出了代数数的例子。代数数的定义是,假如 x 满足一个整系数多项式方程,即具有以下形式的方程:

$a_n x^n + a_{n-1} x^{n-1} + \cdots + a_1 x + a_0 = 0$,其中 $a_n, a_{n-1}, \cdots, a_1, a_0$ 都是整数,那么 x 就是一个**代数数**。于是 $\sqrt{2}$ 就是一个代数数,因为它满足方程 $x^2 - 2 = 0$。同理,$\sqrt[3]{5}$ 也是一个代数数,因为它满足 $x^3 - 5 = 0$。$\sqrt{2} + \sqrt[3]{5}$ 也是一个代数数,尽管不那么明显。事实上,任何"可以用根式来表示"的数都是代数数,而根式是指对整数有限次应用+,−,×,÷和求根(平方根、立方根,等等)运算而构造出来的数。即使这样也没有穷尽所有的代数数,因为 $x^5 + x + 1 = 0$ 的根就是**无法**用根式来表示的代数数。

因此,要写出一张所有代数数的清单是不容易的,而且也并不十分值得——除非你想要轻易证明非代数数的存在。在 1874 年之前,关于存在非代数数这一事实的所有已知证明都依赖于某种关于代数数结构的辛苦研究。康托尔的洞见是,假如我们改为把工夫花在关于无穷的推理上,也就是说去证明**代数数构成了一个可数集**,那么就可以完全避免代数运算。

康托尔的做法如下。对于每个整系数多项式

$$p(x) = a_n x^n + a_{n-1} x^{n-1} + \cdots + a_1 x + a_0$$

他都为其指定一个称为其"高度"的正整数：

$$高度(p) = n + |\,a_n\,| + |\,a_{n-1}\,| + \cdots + |\,a_1\,| + |\,a_0\,|$$

关于这个量，唯一重要的事情是：对于给定的高度，**只存在有限多个具有这一高度的多项式**。这是因为多项式 p 的幂次 n 必定小于等于高度(p)，而 p 的 $n+1$ 个系数中的每一个的绝对值都必定满足小于等于高度(p)。

因此，对于一个给定的高度，就只存在有限多个幂次，并且对于每一个幂次都只存在有限多种系数组合，于是从原则上来说，我们就可以写出一张具有某一给定高度的所有多项式的有限清单（比如说以字母顺序排列）。然后，假如我们将

高度为 1 的多项式清单，

高度为 2 的多项式清单，

高度为 3 的多项式清单，

……

串连起来，就得到了一张所有多项式的清单。这是一张无穷的清单，但是清单上的每个多项式都只有有限多个前趋多项式。最后，假如我们将这张清单上的每个多项式都用其根的有限清单来代替，就得到了一张所有代数数的清单。因此代数数的集合就是可数的，同理可证（只列出实数解）实代数数的集合也是可数的。（得证）

康托尔随后使用了他寻找一个不同于一个可数集所有成员的实数 x 的那种方法，由此所得的结果就是找到了一个非代数数 x。非代数数也被称为**超越**（transcendental）数，因为它们"超越"了普通（代数）方法给出的定义。法国数学家刘维尔（Joseph Liouville）在 1844 年发现了一些这样的数，他证明了像

　　0.101 001 000 000 100 000 000 000 000 000 000 010 00⋯

这样的数，当其中的 0 连续出现的长度足够快速地增长时（本例中的 0 连续出现的长度是 1, 2×1, 3×2×1, 4×3×2×1, ⋯），它就是一个超越数。

刘维尔的同胞埃尔米特（Charles Hermite）在 1873 年首先证明了一个

"自然出现"的数是超越数。埃尔米特使用了复杂的微积分计算来证明 e 这个数（在第 2.7 节中提到过这个数）不可能满足整系数多项式方程。1882 年,德国数学家林德曼(Ferdinand Lindemann)拓展了他的方法,证明了 π 是超越数[①]。这些来之不易的结果给人的印象是,超越数是很罕见的,但事实上情况恰好相反。由于只有代数数的数量是可数的,因此根据哈纳克定理得出的结论就是：实代数数集的长度为零,于是**几乎所有实数都是超越数**。

化圆为方

> 好吧,现在我来使用这根直杆——这样——于是就完成化圆为方了：这就是你要的。
>
> ——阿里斯托芬(Aristophanes),《鸟》(*The Birds*)

要化圆为方。要尝试一种不可能。其中暗示的是,不可能完全确定一个圆的直径与周长之间的精确比例(π),因此也就不可能作出一个与给定正方形面积相等的圆。

——《布鲁尔短语与寓言词典》(*Brewer's Dictionary of Phrase and Fable*)

阿里斯托芬写作《鸟》的时间大约是公元前 400 年,因此 2000 多年来,"化圆为方"显然是徒劳和愚蠢的同义词。我们在第 4.9 节中曾简要提到过这个问题,但是这个问题究竟是什么？它又是如何与 π 的超越性产生联系的？

首先,布鲁尔的词典中的叙述有点不够准确。这个问题其实是要构作出一个正方形,使它与给定的圆面积相等,而且更重要的是,必须使用直尺和圆规来"作图"。这是你很可能在高中几何课上学过的那种作图方法,其中涉及：

- 通过两个给定点画出一条直线；
- 画出一个具有给定圆心并通过一个给定点的圆；

---

① 刘维尔、埃尔米特和林德曼的证明,可参见冯承天著,《从代数基本定理到超越数：一段经典数学的奇幻之旅》,华东师范大学出版社,2017。——译注

- 找到所画的直线和所画的圆的各交点，并利用它们来画出新的直线和圆。

假如作图过程从相距一个单位的两个点（比如说你想要"化为正方形"的那个圆的圆心和周长上的某一个点）开始，那么利用坐标几何可以证明，所有可以构作出的长度都是从 1 开始经过有限次应用+，-，×，÷ 和平方根运算而得到的结果。因此**所有可构作的数都是代数数**。因此，林德曼在 1882 年作出的证明就表明了 **π 不是一个可构作的数**，由此得出的结论就是：根据古希腊人制定的那些规则不能够化圆为方。

事实还表明，当笛卡儿断言曲线长度"靠人类思维是不可能得知的"时（参见第 4 章开头），他也并没有说得太离谱。笛卡儿只接受代数构作过程，例如构作圆和抛物线的交点。这些过程已超越了古希腊人的规则，但是它们只产生代数数，因此林德曼的结果仍然是贴切的：单位半圆的周长 π 不可能**由代数方法**得知。

不过，正如我们在第 4 章中看到的，可以通过 π/4 的无穷级数

$$1 - \frac{1}{3} + \frac{1}{5} - \frac{1}{7} + \frac{1}{9} - \frac{1}{11} + \cdots$$

来求得 π。由于不可能由代数方法来求出 π，因此这个求 π 的公式就成**为只有无穷能给我们提供知识**的一个很好的例子。当无穷赠予我们这样一些礼物时，谁还会质疑它的存在呢？

9.6　渴望完整

在一本书的最后一节,作者总会意犹未尽地对所有点点滴滴作出补充论述,以实现完整和终结。实数 $\mathbb{R}$ 是实现这一目标的理想主题。它们结束了搜寻像 $\sqrt{2}$ 和 π 这样的数的过程,它们闭合了有理数中的所有间隙,它们还(在 $\mathbb{R}^2$, $\mathbb{R}^3$, $\mathbb{R}^4$……的帮助下)为几何学——在平坦空间或弯曲空间中,以及在任意数量的维度中——以及为复数和四元数组的代数构建了一个坚实的基础。此外,无穷**集**的概念对于实数的存在有着决定性的作用,而它对于如今在数论、几何学、拓扑学和(可能)天文学中如此重要的**理想**和**等价类**这两个概念也是必不可少的。

实数作为微积分中极限概念的一个基础,具有同等的重要性。极限概念是避免无穷小的各种矛盾方面的现代处理方法的关键。假如我们有一个递增数列,例如

$$\frac{1}{2}, \frac{3}{4}, \frac{7}{8}, \frac{15}{16}, \frac{31}{32}, \cdots$$

并且假如这个数列中的所有数都小于某个界限(在本例中是 1 或任何更大的数),那么我们就会预期这个数列会有一个**极限**:一个大于每个数列成员的最小数。在本例中,这个极限就是有理数 1。不过,我们当然不能总是预期极限是有理数。例如递增数列(上界为 1)

$$1 - \frac{1}{3},\ 1 - \frac{1}{3} + \frac{1}{5} - \frac{1}{7},\ 1 - \frac{1}{3} + \frac{1}{5} - \frac{1}{7} + \frac{1}{9} - \frac{1}{11},\ \cdots$$

的极限是 π/4。假如一个数列从下方接近有理数中的某个间隙,那么只有当有理数中的所有间隙都被实数填充时,这个极限才必定存在。这就是为什么微积分需要**所有**实数构成的集合:我们想让所有有界递增数列都有极限。

因此,以后见之明来看,人们开始觉得,似乎在数学史中大多数与不可能所做的斗争,都是拓展数的概念的斗争的一部分。也许确实是这样,但是这并不意味着我们已获得了对于实数,乃至对于如 $\sqrt{2}$ 这么简单的单

个数的完整理解。早在第 1.5 节中我们就提到过，我们对于 $\sqrt{2}$ 的无限小数形式几乎还一无所知，它的开头是

1.414 213 562 373 095 048 801 688 724 209 698 078 569···

平均而言，0, 1, 2, 3, 4, 5, 6, 7, 8, 9 这 10 个数字中的每一个看起来很有可能都以 1/10 的概率出现——为什么不会是某个数字比其他任何一个数字出现得更频繁呢？——不过在这个方向上还没有得到任何证明。事实上，这种被称为**正态性**（normality）的等频率特性，对于任何无理代数数或者任何像 e 或 π 这样"自然出现"的超越数都没有得到证明。**然而，几乎所有实数都是正态的！** 这一结论是由下面这个对常识观念的清晰阐释得出的：在一个随机无限小数中，0, 1, 2, 3, 4, 5, 6, 7, 8, 9 这些数字中的每一个都以相等的频率出现。

还有一件我们不理解的事情是所谓的**连续统问题**（continuum problem）：实数的无穷有多大？ 特别是，$\mathbb{R}$ 是"最小"的不可数无穷吗？ 我们知道正整数呈现出最小可能的无穷，这是因为可以通过对它们排序使每个数都只有有限多个前趋数。这对于 $\mathbb{R}$ 是不可能的，因为 $\mathbb{R}$ 是不可数的。最小的不可数集所具有的一种排序方式是，在其中每个成员都有**可数**多个前趋数。康托尔相信这样一种排序对于 $\mathbb{R}$ 是存在的，但是没能给出证明。他在精神病院结束了他的生命，有人认为就是连续统问题把他送进了那里。

20 世纪数学中的一些最深刻、最错综复杂的理念也被用来应对连续统问题，但是并没有得出一个清晰的结果。我们现在所知道的是，依靠集合论中的那些被接受的公理是**无法解决**这个问题的。对于一些人来说，这是一个迹象，它表明这个问题是不可能解决的；对于另一些人来说，这只不过意味着我们遗漏了什么，而连续统问题并不像它看起来那么不可能。

你很可能猜到我站在哪一边。不过即使某一天连续统问题得到了解决，关于实数还会有无穷多个问题仍然悬而未决。我们不能**列出**所有实数，这意味着我们也不能**知道**关于实数的**所有事实**。（事实上，这也意味

着我们不能知道关于正整数的所有事实,但是我并不想在这里继续深入探讨这一方面了——尽管它非常吸引人。)因此,我们总是会需要新的理念,并且也许会需要与看起来的不可能展开新的斗争——即使在数论中也是如此。

数学是最恒久的世界,但它也是一个永不停歇的故事。

结 语

> 从无穷小微积分到现在,在我看来,数学中最本质的进展起因于那些相继出现的添加上去的一些概念。对于古希腊人,或者文艺复兴时期的几何学家,又或者黎曼的前辈们而言,这些概念走到了"数学之外",因为他们无法定义它们。
>
> ——阿达马(Jacques Hadamard),
>
> 写给波雷尔(Émile Borel)的信,1905 年

现在看来应该很明显了,"渴望不可能"是数学中取得许多进步的源头,而且我们至少能辨认出两种富有成效的"不可能"——实际不可能和表观不可能。无怪乎按照前言中引用的科尔莫戈罗夫的评论,数学发现出现在"平凡的"和不可能之间的薄薄一层之中。当这一层很薄时,实际不可能和表观不可能之间的差异就很难区分了,并且两者都可能接近真相。

实际不可能仍然能导致新的真理

有时数学家渴望的东西过于简单,因此不可能是真实的,比如说一个所有的数都是有理数的世界。不过这也许接近一个比较复杂的真相,比如说通过填充有理数中的间隙而获得的一个实数世界。

确实,有些真相可能太复杂,因而不可能第一次尝试就能得到。我们

可能需要从一个"近似的真相"开始,它虽然错误,但是却在正确的轨道上,比如说将无穷小理论作为微积分的一种近似。

最后,有些不可能甚至没有在正确的轨道上,但是它们纯粹靠运气而落在一个新的真相附近。对于三维数的渴望是毫无希望的,但是它导致了四维的四元数,而这已经最接近于在任何大于 2 的维度中的数了。

表观不可能就是新的真理

本书中的大多数例子都属于这个类别:无理数、虚数、无穷远点、弯曲空间、理想,以及各种类型的无穷。这些概念初看起来是不可能的,因为我们的直觉无法领会它们,但它们在数学符号体系的帮助下是可以被精确理解的,而数学符号体系是对于我们的感官的一种技术延伸。

例如,我们无法**看出**无理数点 $\sqrt{2}$ 与靠近它的一个有理数点(比如说 1.414 213 56)之间的差别。但是,有了无限小数的符号体系,我们就能理解为什么 $\sqrt{2}$ 不同于任何一个有理数了:$\sqrt{2}$ 的小数展开形式是无穷的,并且不循环。

$\sqrt{-1}$ 的情况与此相似,但又不完全相同。$\sqrt{-1}$ 不可能是实数,因为它的平方是负的。这就意味着 $\sqrt{-1}$ 既不大于 0 又不小于 0,因此我们在实轴上就看不到 $\sqrt{-1}$。不过,$\sqrt{-1}$ 在+和×运算方面的表现就像是一个数。这激励我们**到别处去寻找**它,而我们也确实在垂直于实轴的另一根数轴(虚轴)上找到了它。

不可能与数学存在性

不可能性的概念模糊不清的状况一直持续到大约 100 年前。我们一次又一次地看到,表观不可能的结构如何被发现是实际存在的。然而,有些事情必然**是**不可能的,例如矛盾。一个实际存在的物体不可能具有一些相互矛盾的性质,比如说既是方的又是圆的。不过,矛盾是不可能的**唯一**原因吗?

1900 年,希尔伯特在国际数学家大会上发表的著名演讲中,阐明了这种情况的"简单方向"：

> 一个概念，假如人们给予它一些会引起矛盾的特性，那么我说，这个概念在数学上是不存在的。因此，举例来说，一个平方等于−1的实数在数学上就不存在。

然后他又大胆地声称了相反的情况：

> 但是假如通过应用有限次逻辑过程可以证明，给予这个概念的这些特性绝不会导致矛盾的产生，那么我说，这个概念（例如满足某些条件的一个数或一个函数）的数学存在性也就因此得到了证明。

我们不清楚希尔伯特是如何证明这一声称是合理的，但是后来数学逻辑学家得到的那些结论可以证明其合理性，其中有勒文海姆（Leopold Löwenheim）1915 年的结论、斯科朗（Thoralf Skolem）1922 年的结论，以及哥德尔（Kurt Gödel）1929 年的结论。他们的结论揭示了在以下意义上的一致性意味着存在性：一阶逻辑（按通常理解的、足以应对数学之需的语言）中的任何相容的句子集合都有一个**模型**，即一种令所有给定句子都成立的解释。

这里的"解释"是符号性的，由表述这些句子的语言符号构造而成，因此并不像我们可能希望的那么直观。不过，这就是过去数学常常用来化解"不可能"的方式。首先，将不可能的对象表示为一个符号，比如说 $\sqrt{-1}$，然后去检验这个符号如何与它的那些已得到接受的数学对象的世界中的同类发生相互影响。假如这个新的符号是能与它们相容的，正如 $\sqrt{-1}$ 的情况那样，那么它也就得到接受，并被认为是表示一种新的数学对象。

不可能事物的未来

我不想给读者留下这样的印象：数学中的所有冲突现在都已得到了解决，因此再也没有任何与不可能去角力的需要了。事实恰恰相反。例如，物理学在过去的 80 年里一直饱受一个数学冲突的困扰，其严峻程度相当于微积分中就无穷小量而产生的冲突。它最重要的两个理论，即广义相对论和量子理论,彼此互不相容!

实际上,相对论和量子理论分别在不同的领域中发挥着作用,彼此互不相干:相对论的作用领域是在天文学的大世界中,而量子理论的作用领域则是在原子的小世界中。在它们各自的世界中,这两个理论都表现出惊人的精确性。但是世界只有一个,因此相对论和量子理论不可能都是正确的。真相想必是在离两者都很接近的某个地方,但是至今还没人能令人满意地将这种真相表示出来。

有一些理论试图使相对论和量子理论取得一致,尤其是所谓的**弦论**(string theory)。不过到目前为止,弦论还不能从实验上得到验证,因此并不是真正的物理学。令人惊奇的是,弦论是奇妙的数学! 20 世纪 90 年代,弦论被用于解答纯粹数学中的一些深奥问题(参见格林的《优雅的宇宙》一书),其中有些问题因为特别奇异而被称为**月光**(moonshine)。假如弦论能够做到这件事,那么当相对论与量子理论的不可能世界**真正**得到理解时,又会有什么等待着我们呢?

参考文献

[1] Leon Battista Alberti. *On Painting*. Translated by John R. Spencer. New Haven, CT: Yale University Press, 1966.

[2] Aristophanes. *The Birds and Other Plays*. Translated by David Barrett and Alan Sommerstein. London, UK: Penguin Classics, 2003.

[3] Benno Artmann. *Euclid—The Creation of Mathematics*. New York, NY: Springer-Verlag, 1999.

[4] George Berkeley. *De Motu and the Analyst*. Edited by Douglas Jesseph. Dordrecht: Kluwer Academic Publishers, 1992.

[5] Bill Bryson. *In a Sunburned Country*. New York, NY: Broadway, 2001.

[6] Girolamo Cardano. *Ars Magna or the Rules of Algebra*. Translated by T. Richard Witmer. New York, NY: Dover, 1993.

[7] Lewis Carroll. *Alice's Adventures in Wonderland*. New York, NY: Signet Classics, 2000.

[8] Sir Arthur Conan Doyle. *The Sign of Four*. London, UK: Penguin Classics, 2001.

[9] H. S. M. Coxeter. *Regular Polytopes*. New York, NY: Dover, 1973.

[10] Dante Alighieri. *The Divine Comedy*. Translated by Mark Musa. London, UK: Penguin Classics, 2003.

[11] Philip J. Davis. *The Mathematics of Matrices*. Waltham, MA: Blaisdell, 1965.

[12] Richard Dedekind. *Essays on the Theory of Numbers. I. Continuity and Irrational Numbers*. Translated by W. W. Beman. Chicago, IL: Open Court, 1901.

[13] Richard Dedekind. *Theory of Algebraic Integers*. Translated by John Stillwell. Cambridge, UK: Cambridge University Press, 1996.

[14] René Descartes. *The Geometry of René Descartes*. Translated by David E. Smith and Marcia L. Latham. New York, NY: Dover, 1954.

[15] M. C. Escher. *Escher on Escher. Exploring the Infinite*. New York, NY: Harry N. Abrams, 1989.

[16] Euclid. *The Thirteen Books of the Elements*. Edited by Sir Thomas Heath. New York, NY: Dover, 1956.

[17] Leonhard Euler. *Elements of Algebra*. Translated by John Hewlett. New York, NY: Springer-Verlag, 1984.

[18] Leonhard Euler. *Introduction to the Analysis of the Infinite*. Translated by John D. Blanton. New York, NY: Springer-Verlag, 1988.

[19] Fibonacci. *The Book of Squares*. Translated by L. E. Sigler. Boston, MA: Academic Press, 1987.

[20] Robert Graves. *Complete Poems*, Volume 3. Manchester, UK: Carcanet Press, 1999.

[21] R. P. Graves. *The Life of Sir William Rowan Hamilton*. New York, NY: Arno Press, 1975.

[22] Brian Greene. *The Elegant Universe*. New York, NY: W. W. Norton, 1999.

[23] J. Hadamard. *An Essay on the Psychology of Invention in the Mathematical Field*. New York, NY: Dover, 1954.

[24] W. R. Hamilton. *The Mathematical Papers of Sir William Rowan Hamilton*. Edited by A. W. Conway and J. L. Synge. Cambridge, UK:

Cambridge University Press, 1931.

[25] Thomas L. Heath. *Diophantus of Alexandria*. New York, NY: Dover, 1964.

[26] David Hilbert. *Foundations of Geometry*. Translated by Leo Unger. La Salle, IL: Open Court, 1971.

[27] David Hilbert and Stefan Cohn-Vossen. *Geometry and the Imagination*. Translated by P. Nemenyi. New York, NY: Chelsea Publishing Co., 1952.

[28] Thomas Hobbes. *The English Works of Thomas Hobbes*, Volume 7. Edited by Sir William Molesworth. London, UK: J. Bohn, 1839 – 1845.

[29] Oliver Wendell Holmes. *The Autocrat of the Breakfast Table*. Pleasantville, NY: Akadine Press, 2002.

[30] Douglas Jesseph. *Squaring the Circle*. Chicago, IL: University of Chicago Press, 2000.

[31] A. N. Kolmogorov. *Kolmogorov in Perspective*. Providence, RI: American Mathematical Society, 2000.

[32] Adrien-Marie Legendre. *Théorie des Nombres*. Paris: Courcier, 1808.

[33] Marquis de l'Hôpital. *Analyse des infiniments petits*. Paris: Imprimerie Royale, 1696.

[34] Elisha Scott Loomis. *The Pythagorean Proposition*. Washington, DC: National Council of Teachers of Mathematics, 1968.

[35] Lucretius. *The Way Things Are*. Translation of De rerum natura by Rolfe Humphries. Bloomington, IN: Indiana University Press, 1968.

[36] D.MacHale. *Comic Sections*. Dublin, Ireland: Boole Press, 1993.

[37] Barry Mazur. *Imagining Numbers*. New York, NY: Farrar Straus Giroux, 2002.

[38] G. H. Moore. *Zermelo's Axiom of Choice*. New York, NY: Springer-Verlag, 1982.

数学的惊人真相 渴望不可能

[39] Paul Nahin. *An Imaginary Tale*. Princeton, NJ: Princeton University Press, 1998.

[40] Joseph Needham. *Science and Civilisation in China*. Cambridge, UK: Cambridge University Press, 1954.

[41] Tristan Needham. *Visual Complex Analysis*. Oxford, UK: Oxford University Press, 1997.

[42] Isaac Newton. *The Mathematical Papers of Isaac Newton*. Cambridge, UK: Cambridge University Press, 1967 – 1981.

[43] Nicomachus. *Introduction to Arithmetic*. New York, NY: Macmillan, 1926.

[44] Jean Pèlerin. *De artificiali perspectiva*. Toul, France: Petri Iacobi, 1505.

[45] Adrian Room, ed.. *Brewer's Dictionary of Phrase and Fable*. NewYork, NY: Harper-Resource, 2000.

[46] Girolamo Saccheri. *Girolamo Saccheri's Euclides vindicatus*. Translated by G. B. Halsted. Chicago, IL: Open Court, 1920.

[47] Michael Spivak. *A Comprehensive Introduction to Differential Geometry*. Berkeley, CA: Publish or Perish, 1979.

[48] Simon Stevin. *The Principal Works of Simon Stevin*. Amsterdam: C.V. Swets and Zeitlinger, 1955 – 1964.

[49] John Stillwell. *Mathematics and Its History*, Second Edition. New York, NY: Springer-Verlag, 2002.

[50] John Stillwell. *Sources of Hyperbolic Geometry*. Providence, RI: American Mathematical Society, 1996.

[51] Jeffrey Weeks. *The Shape of Space*, Second Edition. New York, NY: Marcel Dekker, 2001.